广西职业教育示范特色专业及实训基地项目成果教材

机械识图与计算机制图

JI XIE SHI TU YU JI SUAN JI ZHI TU

主 编 ◎ 杨国武 李海宁　　副主编 ◎ 谈全兴 梁保坚

经济管理出版社
ECONOMY & MANAGEMENT PUBLISHING HOUSE

图书在版编目（CIP）数据

机械识图与计算机制图/杨国武，李海宁主编 . —北京：经济管理出版社，2016. 12
ISBN 978 - 7 - 5096 - 4660 - 1

Ⅰ . ①机… Ⅱ . ①杨… ②李… Ⅲ . ①机械图—识图—中等专业学校—教材 ②机械制图—计算机制图—中等专业学校—教材 Ⅳ . ①TH126

中国版本图书馆 CIP 数据核字（2016）第 243327 号

组稿编辑：魏晨红
责任编辑：魏晨红
责任印制：黄章平
责任校对：张　青

出版发行：经济管理出版社
　　（北京市海淀区北蜂窝 8 号中雅大厦 A 座 11 层　100038）
网　　址：www. E - mp. com. cn
电　　话：（010）51915602
印　　刷：北京市海淀区唐家岭福利印刷厂
经　　销：新华书店
开　　本：787mm×1092mm/16
印　　张：10
字　　数：219 千字
版　　次：2016 年 12 月第 1 版　　2016 年 12 月第 1 次印刷
书　　号：ISBN 978 - 7 - 5096 - 4660 - 1
定　　价：28. 00 元

编　委　会

总　　编：杨国武

主　　编：杨国武　李海宁

副 主 编：谈全兴　梁保坚

参编人员：卢永红　谭海明　黄秋梅

李经炎（广西南宁高级技工学校）

刘均勇（南宁市多益达机械磨具厂总经理）

前　言

　　机械识图与计算机制图是研究机械工程图样的阅读与绘制的一门技术基础课程。本书是将机械识图与计算机辅助绘图软件相结合的形式编制，适应企业制图的需求，着力于动手能力及空间想象能力。

　　本书以培养机械专业学生能尽快适应实际工作为出发点，本着专业知识够用为度，重点培养从事实际工作的基本能力和基本技能的指导思想，将各种典型机械零件图样作为真实案例讲解，利用 AutoCAD2010 软件辅助绘图，力求突出实用性、系统性和知识的综合应用性。从企业对人才要求的角度，将理论教学、动手操作融为一体。

　　作者广泛参考和吸取相关教材的优点，充分吸收最新学科理论的研究成果和教学改革成果。本书内容尽可能结合专业，紧贴市场，文字上深入浅出，力求通俗易懂，大量的典型图例直观清晰。本书既可作为技工、中专的机械专业教材，也可作为 AutoCAD 软件短训班的速成培训教材。

　　本书在体系架构方面，每个任务开头均介绍了任务目标，任务结束后设置任务试题，便于教师教学和学生自学，有助于学生尽快学习和领悟书中的知识结构系统，加强对所学知识的综合应用。

　　本书由田东职业技术学校一线教师编写。全书由李海宁负责主编。杨国武对本书进行了审阅并提出了宝贵的意见。特在此对本书出版给予支持、帮助的单位和个人表示诚挚的感谢！

　　由于时间仓促，编者水平有限，读本难免有不足、不妥之处，真诚希望得到广大专家和读者的批评和指正。

编者

2016 年 10 月

目 录

AutoCAD 的基本操作

任务一　国家标准有关制度的规定

 任务目标

（1）熟悉了解基本图幅、标题栏及明细栏。

（2）掌握图线、文字样式及其使用范围。

（3）熟悉 AutoCAD 图层设置操作。

（4）掌握运用 AutoCAD 软件绘制图框。

 基本概念

一、基本图幅

（1）图纸幅面是指纸的宽度与长度（B×L）围成的图纸面积，如表1-1所示。

表1-1　基本幅面

单位：mm

幅面代号	A0	A1	A2	A3	A4
B×L	841×1189	594×841	420×594	297×420	210×297
e	20			10	
c	10			5	
a	25				

（2）标题栏及明细栏。标题栏位于图纸的右下角，如图1-1所示，明细栏一般放在

标题栏上方，如图 1-2 所示。

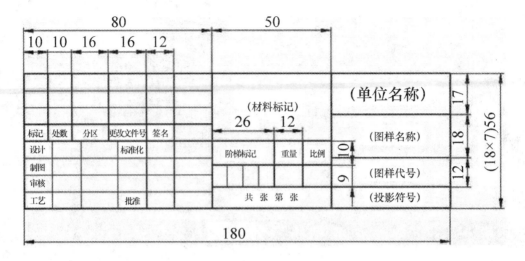

图 1-1　标题栏

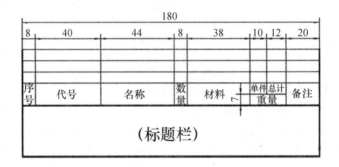

图 1-2　明细栏

二、图线

不同的线型、线宽代表不一样的意思，如表 1-2、图 1-3 所示。

表 1-2　线型名称、型式、宽度及应用

图线名称	图线型式	图线宽度	一般应用
粗实线		$d \approx 0.5 \sim 2$ mm	可见轮廓线、可见过渡线
细实线		约 $d/2$	尺寸线及尺寸界线、剖面线、重合剖面的轮廓线、辅助线、引出线、螺纹牙底线及齿轮的齿根线
细虚线		约 $d/2$	不可见轮廓线、不可见过渡线
波浪线		约 $d/2$	断裂处的边界线、视图和剖视的分界线
双折线		约 $d/2$	断裂处的边界线

续表

图线名称	图线型式	图线宽度	一般应用
细点画线	——— · ——— · ——— ·	约 d/2	轴线、对称中心线、轨迹线、节圆及节线
细双点画线	——— ·· ——— ·· ——— ·	约 d/2	极限位置的轮廓线、相邻辅助零件的轮廓线、假想投影轮廓线、中断线
粗点画线	▬▬▬ · ▬▬▬ · ▬▬▬	d	有特殊要求的线或表面的表示线

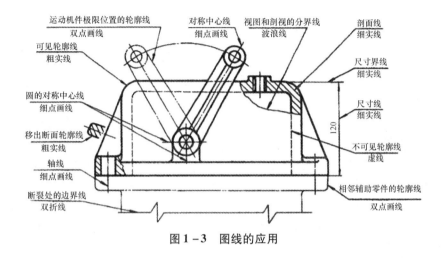

图 1-3　图线的应用

三、图层

1. 图层的概念

AutoCAD 中的图层工具可以让用户方便地管理图形。图层相当于一层"透明纸"，用户可以在不同的图层上绘制图形，最后相当于把多层绘有不同图形的透明纸叠放在一起，从而组成完整的图形。

用户对图层的管理主要通过图层特性管理器来实现，如图 1-4 所示。可以通过以下方式打开图层特性管理器：

（1）功能区："常用"→"图层"→"图层特性"。

（2）菜单：选择"格式"→"图层"命令。

（3）命令行：输入"layer"。

图 1-4　图层特性管理器

2. 图层的特性

（1）打开/关闭：在图层特性管理器中以灯泡的颜色来表示图层的开关。在默认情况下，所有图层都处于打开的状态，此时灯泡颜色为"黄色" 💡。在这种状态下，图层可以使用和输出。单击灯泡可以切换图层到关闭状态，此时灯泡颜色为"灰色" 💡。在这种状态下，图层不能使用和输出。

（2）冻结/解冻：对于打开的图层，系统默认其状态为解冻，显示的图标为"太阳" ☼。在这种状态下，图层可以显示、打印输出和编辑。单击太阳图标可以将图层转换到冻结状态，显示的图标为"雪花" ❋。在这种状态下，图层不能显示、打印输出和编辑。

（3）锁定/解锁：在绘制复杂图形的过程中，为了在绘制其他图层时不影响某一图层，可以将该图层锁定，显示的图标为"锁定" 🔒。锁定不会影响到图层的显示。单击"锁定"按钮可以将图层切换到解锁状态，此时图标显示为"解锁" 🔓。

（4）打印样式：用来确定图层的打印样式。如果是彩色的图层，则无法更改样式。

（5）打印：用来设定哪些图层可以打印。可以打印的图层以 🖶 显示；单击该图标可以将图层设置为不能打印，这时以图标 🖷 显示。打印功能只对可见图层、没有冻结的图层、没有锁定的图层和没有关闭的图层有效。

3. 图层设置

（1）新建图层：单击"新建图层"按钮 ⤤，即可创建一个新图层，并可对该图层进行重命名。

（2）图层颜色设置：为了区分不同的图层，对图层设置颜色是必要的。AutoCAD 默认的图层颜色为白色，用户也可在图层特性管理器中单击 ■□ 按钮，在弹出的如图 1 - 5 所示的"选择颜色"对话框中选择需要的颜色。

图 1 - 5　"选择颜色"对话框

（3）图层线型设置：在绘图时会用到不同的线型。不同的图层可以设置不同的线型，也可以设置相同的线型。AutoCAD 中系统默认的线型是 Continuous，也就是连续直线。可以单击 Continuous 按钮，在弹出的如图 1−6 所示的"选择线型"对话框中进行线型设置。

　　如果"选择线型"对话框中没有所需要的线型，可以单击该对话框中的"加载"按钮，在弹出的如图 1−7 所示的"加载或重载线型"对话框中查找所需要的线型，选定后单击"确定"按钮，便可以将该线型加载到"选择线型"对话框中。然后在"选择线型"对话框中选择该线型，单击"确定"按钮即可。

图 1−6　"选择线型"对话框

图 1−7　"加载或重载线型"对话框

　　（4）图层线宽的设置：在绘图中，要用到不同宽度的线条，而 AutoCAD 默认的线宽为 0，所以要对其进行设置。单击"——默认"按钮，在弹出的如图 1−8 所示的"线宽"对话框中进行线宽的设置。

图 1−8　"线宽"对话框

四、绘制图框线

（一）绘制矩形

功能：绘制矩形。

命令输入
- 下拉菜单：【绘图】→【矩形】
- 单击工具栏：▭
- 键盘输入：Rec ↙（Rectang）

命令提示：

指定第一个对角点或［倒角（C）/标高（E）/圆角（F）/厚度（T）/宽度（W）］：0，0 ↙

指定另一个对角点：420，297 ↙

如图1-9所示。

图1-9 矩形

（二）绘制图框线

1. 偏移曲线

功能：对指定的直线、圆弧、圆等对象做同心偏移复制。

命令输入
- 下拉菜单：【修改】→【偏移】
- 单击工具栏：⌒
- 键盘输入：0 ↙（Offset）

命令提示：

指定偏移距离或［通过（T）］＜通过＞：25 ↙

选择要偏移的对象或＜退出＞：（选择直线AB）

指定点以确定偏移所在一侧：（向左移动十字光标至直线AB的左方，单击鼠标，产生直线EF）

选择要偏移的对象或＜退出＞：

其余三条直线BC、CD、DA分别用同样方法向内偏移5mm，结果如图1-10所示。

2. 修剪（Trim）直线

功能：用剪切边修剪某些实体的一部分，相当于用橡皮擦去实体的多余部分。

命令输入
- 下拉菜单：【修改】→【修剪】
- 单击工具栏：▨
- 键盘输入：Tr ↙（Trim）

命令提示：

当前设置：投影＝UCS，边＝无

选择剪切边……

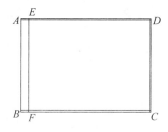

图1-10 偏移图线框

选择对象：（选择直线EF作剪刀）找到1个选择对象：（结束选择剪刀）

选择要修剪的对象，按住Shift键选择要延伸的对象，或［投影（P）/边（E）/放弃（U）］：（将直线AD多余线段剪去）

选择要修剪的对象，按住Shift键选择要延伸的对象，或［投影（P）/边（E）/放弃（U）］：（将直线AD多余线段剪去）

用同样的方法将图1-10修剪成如图1-11所示。

图1-11 修剪后的图形

3. 修改图线对象特性

选择直线 GH、HI、IK 和 KG，在对象特性中调整图层，如图 1 – 12、图 1 – 13 所示。

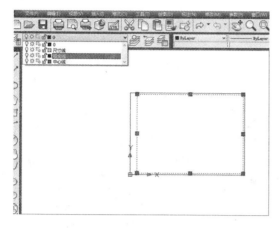

图 1 – 12　选择直线

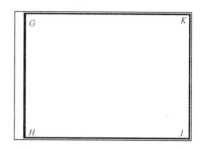

图 1 – 13　调整图层

4. 绘制标题栏

在图纸右下角，用偏移和修剪命令绘制标题栏，如图 1 – 14 所示。

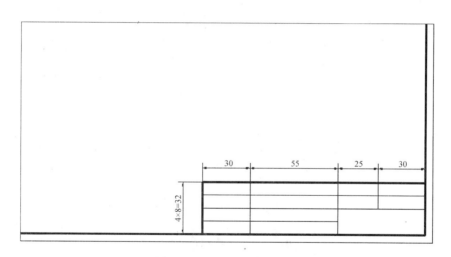

图 1 – 14　标题栏

（二）注写文字

1. 设定文字样式

为了丰富注写字符的效果，AutoCAD 提供了多种字体，可以通过文字样式（STYLE）命令选择不同的字体，在使用同一种字体时又可以通过改变一些参数如使字符展宽、压缩、倾斜、反写和倒写等，增强字符的表现力。

在默认情况下，AutoCAD 自动创建了一个名为"Standard"的文字样式，用户可以对该文字样式进行修改，也可以创建自己需要的文字样式。

要创建文字样式，可展开"常用"选项卡的"注释"面板，然后单击"文字样式"按钮**A**或直接在命令行中输入命令"ST"，按 Enter 键，打开"文字样式"对话框。如图 1-15 所示。

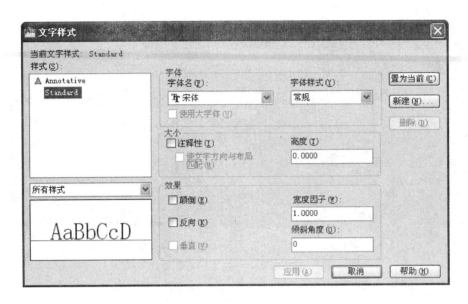

图1-15　文字样式对话框

在 AutoCAD 中创建文字对象时，其将自动应用当前文字样式。若要为已创建的文字对象应用其他文字样式，只需选中文字对象，然后展开"常用"选项卡的"注释"面板，在"文字样式"下拉列表中单击选择所需样式即可。如图 1-16 所示。

图1-16　文字样式应用

（1）"样式"列表框和按钮区。

1）"样式"列表框：显示用户创建或系统默认的样式，在该列表框中单击选中的样式后，可利用对话框中的其他选项对其进行各种设置。此外，右击某样式，从弹出的快捷菜单中选择"重命名"，可重命名该样式。

2）`置为当前(C)`按钮：将在"样式"列表框中选择的文字样式设置为当前文字样式。

3）`删除(D)`按钮：删除在"样式"列表框中选择的文字样式，但不能删除当前文字样式，以及已经用于图形文件中的文字样式。

（2）"字体"设置区。该设置区主要用来设置文字样式的字体类型。

1）"字体名"下拉列表：用来设置文字样式的字体类型。在机械制图上，一般将注释汉字的字体类型设置为"宋体"或"仿宋体"，将注释数字和字母的字体设置为"isocp. shx"。

2）"字体样式"下拉列表：设置英文字体的样式，如斜体、粗体或者常规。

3）"使用大字体"复选框：使用为亚洲语言设置的大字体。只有在"字体名"下拉列表中选择 shx 字体，该复选框才处于可用状态。此时如果选中复选框，"字体名"和"字体样式"下拉列表将变为"SHX 字体"和"大字体"。如图 1-17 所示。

图 1-17　使用大字体复选框

（3）"大小"设置区。

1）"高度"文本框：设置文字样式的高度。如果该数值为 0，则在创建单行文字时，必须另行设置文字高度；而在创建多行文字或作为标注文本样式时，文字的默认高度均被设置为 2.5，用户可以根据情况进行修改。如果该数值不为 0，无论是创建单行、多行文字，还是作为标注文本样式，该数值将被作为文字的默认高度。

2）"注释性"复选框：如果选中该复选框，表示使用此文字样式创建的文字支持使用注释比例，此时"高度"编辑框将变为"图纸文字高度"编辑框。

（4）"效果"设置区。该设置区用来设置文字样式的外观效果。如图 1-18 所示。

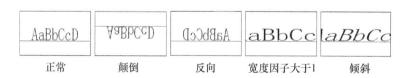

图 1-18　文字效果应用

1）"颠倒"复选框：颠倒显示字符，也就是通常所说的"头上脚下"。

2）"反向"复选框：反向显示字符，就是将文字沿一条对称轴翻转。

3）"垂直"复选框：字体垂直书写，该选项只有在选择". shx"字体时才可使用。

4）"宽度因子"文本框：在不改变字符高度的情况下，控制字符的宽度。宽度因子小于 1，字宽被压缩，此时可制作瘦高字；宽度因子大于 1，字宽被扩展，此时可制作扁平字。"宽度比例"在公差标注中非常实用，可以节省标注空间。

5）"倾斜角度"文本框：控制文字的倾斜角度，从而注释斜体字。系统只允许文字的倾斜角度在 $-85°\sim 85°$。

（5）修改文字样式。对于已设置好的文字样式，可打开"文字样式"对话框进行修改，其操作过程与创建文字样式相似，在此不再重述。

修改文字样式时应注意以下几点：

1）修改完成后，单击"文字样式"对话框中的 应用(A) 按钮，则修改生效，此时 AutoCAD 将立即更新图样中与此文字样式关联的文字。

2）"颠倒"、"反向"特性仅影响单行文字，对多行文字无效。因此，当修改文字样式的"颠倒"、"反向"特性时，现有单行文字将随之改变而多行文字不变。

3）当修改文字样式的宽度比例及倾斜角度时，AutoCAD 仅改变现有多行文字的外观，而现有单行文字不受影响。

4）当修改文字样式的高度时，现有单行文字与多行文字均不受影响。

5）无论进行哪些设置，均会影响后续创建的文字对象。

2. 以文字（MTEXT）命令注写文字

当设定好文字样式后，就可按图 1-19 所示，在标题栏中注写文字。

C	5				5
	考生姓名		题号		*M_basic01*
4×8=32	性别		比例		1：1
	身份证号码				
	准考证号码				

图 1-19　标题栏

调用文字命令注写文字的方法有：

命令输入 ⎰ 单击工具图标：**A**
　　　　 ⎨ 下拉菜单：绘图（D）→文字（X）→多行文字（M）
　　　　 ⎩ 键盘输入：MT ↙（MTEXT ↙）

命令提示：

当前文字样式"Standard"，当前文字高度：2.5

指定第一角点：（捕捉交点 C）

指定对角点或［高度（H）/对正（J）/行距（L）/旋转（R）/样式（S）/宽度（W）］：（捕捉交点 R）

打开【多行文字编辑器】对话框，如图 1-20 所示。

单击【多行文字编辑器】上的"居中"按钮，选择文字样式为"机械样式"或其他适用文字样式，把文字高度由"2.5"改为"5"，并输入"考生姓名"；最后单击"确定"按钮完成输入。如图 1-21 所示（注：如果单击"确定"按钮没有反应，则要将"输入法"更改为英文方式）。

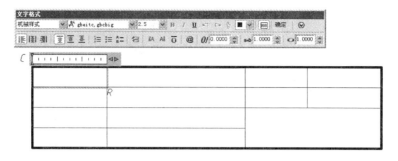

图 1 – 20 多行文字编辑器

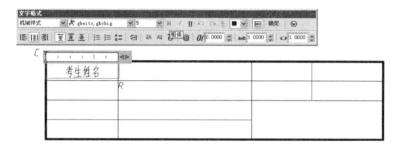

图 1 – 21 编辑文字

任务二 基本知识

任务目标

（1）熟悉 AutoCAD 2010 工作界面的组成及其功能。
（2）熟悉 AutoCAD 的坐标系统。
（3）掌握 AutoCAD 图形文件管理。

基本概念

一、AutoCAD 2010 的启动与退出

1. AutoCAD 2010 的启动

安装好 AutoCAD 2010 后，双击桌面上的快捷方式图标，即可启动 AutoCAD 2010 软件，进入其工作界面。

也可以通过"开始"菜单的方式启动 AutoCAD 2010 软件。在 Windows 系统下，其操作方式为：选择"开始"→"所有程序"→Autodesk→AutoCAD 2010 – Simplified Chinese→AutoCAD 2010 命令。

2. AutoCAD 2010 的退出

退出 AutoCAD 2010 有三种方式：

（1）单击 AutoCAD 2010 工作界面右上角的"关闭"按钮。
（2）在菜单栏中选择"文件"→"退出"命令。
（3）在命令行中输入"quit"命令后按 Enter 键。

二、AutoCAD 2010 的工作界面及功能

AutoCAD 2010 的经典工作界面由标题栏、菜单栏、各种工具栏、绘图窗口、光标、命令窗口、状态栏、坐标系图标、模型/布局选项卡和菜单浏览器等组成，如图 1 – 22 所示。

1. 标题栏

标题栏与其他 Windows 应用程序类似，用于显示 AutoCAD 2010 的程序图标以及当前所操作图形文件的名称。如图 1 – 23 所示。

2. 菜单栏

菜单栏是主菜单，可利用其执行 AutoCAD 的大部分命令。单击菜单栏中的某一项，会弹出相应的下拉菜单。如图 1 – 24 为"视图"下拉菜单。

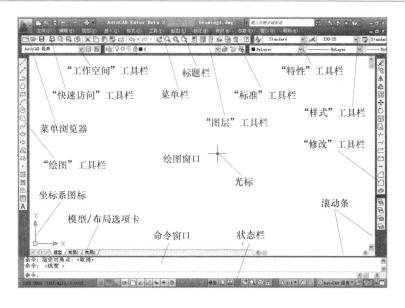

图 1-22　AutoCAD 2010 工作界面

图 1-23　标题栏

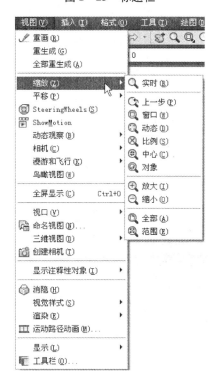

图 1-24　"视图"下拉菜单

　　下拉菜单中，右侧有小三角的菜单项，表示它还有子菜单。右图显示出了"缩放"子菜单；右侧有三个小点的菜单项，表示单击该菜单项后要显示出一个对话框；右侧没有内容的菜单项，单击它后会执行对应的命令。

3. 工具栏

AutoCAD 2010 提供了 40 多个工具栏，每个工具栏上均有一些形象化的按钮。单击某一按钮，就可以启动对应的命令。

用户可以根据需要打开或关闭任一个工具栏。方法是：右击已有工具栏，AutoCAD 弹出工具栏快捷菜单，通过其可实现工具栏的打开与关闭。

此外，通过选择与下拉菜单"工具"→"工具栏"→"AutoCAD"对应的子菜单命令，也可以打开 AutoCAD 的各工具栏。如图 1 - 25 所示。

图 1 - 25　工具栏

4. 绘图窗口

绘图窗口类似于手工绘图时的图纸，是用户用 AutoCAD 2010 绘图并显示所绘图形的区域。

5. 光标

当光标位于 AutoCAD 的绘图窗口时为十字形状，所以又称其为十字光标。十字线的交点为光标的当前位置。AutoCAD 的光标用于绘图、选择对象等操作。

6. 坐标系图标

坐标系图标通常位于绘图窗口的左下角，表示当前绘图所使用的坐标系的形式以及坐标方向等。AutoCAD 提供有世界坐标系（World Coordinate System，WCS）和用户坐标系（User Coordinate System，UCS），世界坐标系为默认坐标系。

7. 命令窗口

命令窗口是 AutoCAD 显示用户从键盘键入的命令和显示 AutoCAD 提示信息的地方。默认时，AutoCAD 在命令窗口保留最后三行所执行的命令或提示信息。用户可以通过拖动窗口边框的方式改变命令窗口的大小，使其显示多于三行或少于三行的信息。如图 1 - 26 所示。

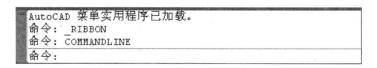

图 1 - 26　命令行

8. 状态栏

状态栏用于显示或设置当前的绘图状态。状态栏上位于左侧的一组数字反映当前光标的坐标，其余按钮从左到右分别表示当前是否启用了捕捉模式、栅格显示、正交模式、极轴追踪、对象捕捉、对象捕捉追踪、动态 UCS、动态输入等功能以及是否显示线宽、当前的绘图空间等信息。如图 1 - 27 所示。

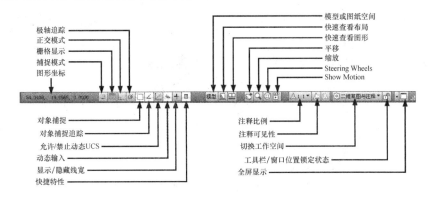

图 1 - 27　状态栏

9. 模型/布局选项卡

模型/布局选项卡用于实现模型空间与图纸空间的切换。

10. 滚动条

利用水平和垂直滚动条，可以使图纸沿水平或垂直方向移动，即平移绘图窗口中显示的内容。

11. 菜单浏览器

单击菜单浏览器，AutoCAD 会将浏览器展开，如图 1 - 28 所示。用户可通过菜单浏览器执行相应的操作。

图 1 - 28　应用程序菜单

三、AutoCAD 2010 的坐标系统

在 AutoCAD 绘图过程中，所绘制的任何一个元素都是以坐标系为参照的。AutoCAD

2010 中坐标显示在状态栏的左端。掌握坐标系的使用方法，可以提高绘图效率和精度。

1. 世界坐标系（WCS）

打开 AutoCAD 2010 绘图时，系统自动进入世界坐标系的第一象限，其左下角坐标为（0，0，0）。在绘图中，如果需要精确定位一个点，需要采用键盘输入坐标值的方式。常用的输入方式有绝对坐标、相对坐标、绝对极坐标和相对极坐标四种。

（1）绝对坐标。绝对坐标是以坐标原点（0，0，0）为基点定位所有的点。各点之间没有相对关系，只与坐标原点有关。用户可以输入（X，Y，Z）坐标来定义一个点的位置。如果 Z 坐标为 0，则可以省略。

（2）绝对极坐标。以坐标原点（0，0，0）为基点定位所有的点，通过输入相对于极点的距离和角度来定义点的位置。AutoCAD 2010 中默认的角度正方向为逆时针方向。输入格式为：距离＜角度。

（3）相对坐标。以某一点相对于另一已知点的相对坐标位置来定义该点的位置。假设该点相对于已知点的坐标增量为（ΔX，ΔY，ΔZ），则其输入格式为（@ΔX，ΔY，ΔZ）。

（4）相对极坐标。以某一点为参考基点，输入相对于极点的距离和角度来定义另一个点的位置。输入格式为：@距离＜角度。

2. 用户坐标系（UCS）

在绘图中，经常需要改变坐标系的原点和方向，用户坐标系可以满足此需求。

用户坐标系在位置和方向上都有很大的灵活性，用户可以根据需求进行设置。可以通过以下三种方式启动用户坐标系命令。

（1）功能区："视图"→"坐标"→UCS ⌐。

（2）菜单：选择"工具"→"新建 UCS"命令。

（3）命令行：输入"UCS"。新建 UCS 的步骤如下：

1）通过以上三种方式中的一种开始执行 UCS 命令。

2）在弹出的"指定 UCS 的原点或▣"输入框中输入用户坐标系原点的世界坐标值。

3）在弹出的"指定 X 轴上的点或＜接受＞"输入框中输入该点相对于 UCS 原点的相对极坐标，即可指定新用户坐标系的方向。如果不进行输入，而是直接按 Enter 键，则用户新建的 UCS 方向不发生变化。

新建 UCS 的操作步骤如图 1 - 29 所示。

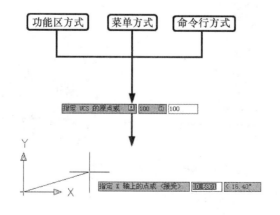

图 1 - 29　新建 UCS

四、AutoCAD 2010 的图形文件管理

1. 新建图形

新建图形是绘制新图形的开始。在 AutoCAD 2010 中，可通过四种方式来创建新图形。

（1）菜单：选择"文件"→"新建"命令。

（2）工具栏：单击快速访问工具栏中的"新建"按钮 。

（3）命令行：输入"qnew"。

（4）快捷键：Ctrl + N。

执行以上操作后，将打开"选择样板"对话框，如图 1 - 30 所示。在该对话框中，用户可以选择合适的样板，并在右侧的"预览"框中实时查看样板的预览效果。选择样板之后，单击"打开"按钮，即可按照选择的样板创建新的图形。

图 1 - 30 "选择样板"对话框

2. 保存图形

在完成或者部分完成图形绘制之后，需要对其进行保存，以防意外情况发生，便于以后的操作。图形的保存有以下四种方式。

（1）菜单：选择"文件"→"保存"命令。

（2）工具栏：单击快速访问工具栏中的"保存"按钮 。

（3）命令行：输入"qsave"。

（4）快捷键：Ctrl + S。

通过执行上述步骤，可以对图形进行保存。若当前图形文件已经保存过，则 AutoCAD 2010 会用当前的图形文件覆盖原有文件；如果图形尚未保存过，则弹出"图形另存为"对话框，如图 1 - 31 所示，可以通过该对话框进行保存位置、名称、保存文件类型等设置。

完成各个选项的设置之后，单击"保存"按钮，即可完成图形文件的保存。

提示：建议用户新建图形之后，紧接着执行保存命令。由于 AutoCAD 2010 的自动保存是默认打开的，这样可以减小因断电、死机、操作失误等造成的损失。

图 1 – 31   "图形另存为" 对话框

3. 打开图形

对于已有的图形文件，可以通过以下方式将其打开。

（1）菜单：选择"文件"→"打开"命令。

（2）工具栏：单击快速访问工具栏中的"打开"按钮。

（3）命令行：输入"open"。

（4）快捷键：Ctrl + O。

执行以上操作后，"选择文件"对话框将会被打开，如图 1 – 32 所示。在该对话框中，可以通过浏览选择要打开的文件，然后单击"打开"按钮，即可打开该文件。

图 1 – 32   "选择文件" 对话框

4. 关闭图形

完成图形的绘制之后，可以通过单击右上角的"关闭当前图形"按钮（见图 1 – 33）来实现对当前图形的关闭，而不退出 AutoCAD 2010。

图 1 – 33   "关闭当前图形" 按钮

五、绘图环境基本设置

通常情况下，用户在 AutoCAD 2010 的默认环境下工作。但是在某些情况下，用户对绘图环境进行必要的设置，可以提高绘图效率。

1. 系统参数设置

设置系统参数是通过"选项"对话框进行的，如图 1 – 34 所示。可以通过两种方式打开"选项"对话框。

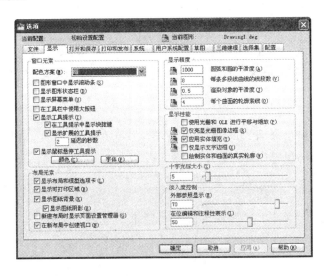

图 1 – 34　"选项"对话框

（1）命令行：输入"options"。

（2）菜单：选择"工具"→"选项"命令。

"选项"对话框由"文件"、"显示"、"打开和保存"、"打印和发布"、"系统"、"用户系统配置"、"草图"、"三维建模"、"选择集"和"配置"10 个选项卡组成。

1）"文件"选项卡。指定文件夹，以供 AutoCAD 查找当前文件夹中所不存在的文字字体、插件、线型等项目。

2）"显示"选项卡。用于设置窗口元素、布局元素、显示精度、显示性能、十字光标大小等显示属性。

3）"打开和保存"选项卡。用于设置默认情况下文件保存的格式、是否自动保存文件以及自动保存时间间隔等属性。

4）"打印和发布"选项卡。用于设置 AutoCAD 的输出设备。在默认情况下，输出设备为 Windows 打印机。但是通常需要用户添加绘图仪，以完成较大幅面图形的输出。

5）"系统"选项卡。用于设置当前三维图形的显示属性、当前定点设备、布局生成选项等。

6）"用户系统配置"选项卡。用于设置是否使用快捷菜单、插入比例、坐标输入优先级、字段等。

7）"草图"选项卡。用于设置自动捕捉、自动追踪、对象捕捉选项靶框大小等属性。

8）"三维建模"选项卡。用于设置三维十字光标、显示 UCS 图标、动态输入、三维对象和三维导航等属性。

9）"选择集"选项卡。用于设置选择集模式、拾取框大小及夹点颜色和大小等属性。

10）"配置"选项卡。用于实现系统配置文件的新建、重命名、输入、输出及删除等操作。

2. 绘图界限设置

绘图界限是指绘图空间中一个假想的矩形绘图区域。如果打开了图形边界检查功能，一旦绘制的图形超出了绘图界限，系统就将发出提示。

可以通过以下两种方式设置绘图界限。

（1）菜单：选择"格式"→"图形界限"命令。

（2）命令行：输入"limits"。

A3 图纸的规格为 420mm×297mm，按照此规格设置绘图界限的操作步骤如图 1－35 所示。

3. 绘图单位设置

通常情况下，用户是采用 AutoCAD 2010 的默认单位来绘图的。AutoCAD 2010 支持用户自定义绘图单位，用户可以通过以下两种方式来设置绘图单位。

（1）菜单：选择"格式"→"单位"命令。

（2）命令行：输入"ddunits"。

执行上述操作之后将弹出"图形单位"对话框（见图 1－36），可以在该对话框中对图形单位进行设置。

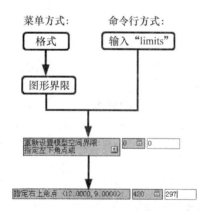

图 1－35　设置绘图界限的两种方式

图 1－36　"图形单位"对话框

1）长度。在"长度"选项组中可以设置图形的长度单位的类型和精度。长度单位的默认类型为"小数"，精度的默认值为小数点之后四位数。

2）角度。在"角度"选项组中可以设置角度单位的类型和精度。角度单位的默认类型为"十进制度数"，精度默认为小数点之后两位数。

3）插入时的缩放单位。在该选项组中可以设置用于缩放插入内容的单位，可以选择的单位有毫米、英寸、码、厘米、米等。

4）方向。单击"图形单位"对话框中的"方向"按钮，在弹出的如图 1－37 所示的"方向控制"对话框中可以设置基准角度方向。AutoCAD 2010 默认的基准角度方向为正东方向。

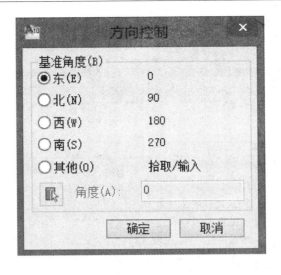

图 1 - 37　方向控制

5）光源。"光源"选项组用于设置当前图形中光源强度的单位，其中提供了"国际"、"美国"和"常规"三种测量单位。

上机练习

（1）设置一张 A3 图幅，作图界限为 420mm × 297mm。

（2）按以下规定设置图层及线型，并设定线型比例；绘图时不考虑图线宽度。

图层名称	颜色	线型	线宽 mm
粗实线	白	Continuous	0.3~0.5
尺寸线	绿	Continuous	0.2
虚线	洋红	DASHED	0.2
中心线	红	CENTER	0.2

（3）画出如下所示的标题栏（不注尺寸）；按国家标准规定设置有关的文字样式，然后填写标题栏；完成以上各项后，仍然以原文件名保存。

	30	55	25	30
	考生姓名		题号	M_basie01
4×8=32	性别		比例	1:1
	身份证号码			
	准考证号码			

上机练习考核表

序号	主要内容	考核摘要	评分标准	配分	扣分	得分
1	设置一张 A3 图幅	能正确设置 A3 图幅，尺寸界线为 420mm×297mm	（1）设置图幅方法不正确扣 10 分 （2）图幅尺寸界线不正确扣 5 分	15		
2	图层设置（粗实线、中心线、尺寸线、虚线）	能正确设置各图层的颜色、线型、线宽	（1）图层线型设置不正确扣 10 分 （2）图层颜色设置不正确扣 10 分 （3）图层线宽设置不正确扣 10 分 （4）新建、删除、设置为当前，操作不正确扣 10 分	40		
3	绘制标题栏及填写相关文字，设置文字样式	能正确按照尺寸绘制标题栏，填写相关文字，设置文字样式	（1）标题栏绘制不正确扣 10 分 （2）文字样式设置不正确扣 10 分 （3）填写文字不正确扣 10 分	25		
4	安全操作	符合上机实训操作要求	违反安全文明操作规程扣 5~20 分	20		
备注			共计			
			教师签字	年　月　日		

平面图形的绘制

任务目标

（1）熟悉 AutoCAD 2010 基本绘图命令。

（2）掌握基本绘图命令操作。

（3）掌握绘图技能。

基本概念

一、直线（Line）

直线是图形中最常见、最简单的元素之一，直线命令一次可绘制一条线段，也可以连续绘制多条线段。

功能：用于绘制两点间独立的直线。

命令输入 { 下拉菜单：【绘图】→【直线】
单击工具栏： ╱
键盘输入：L ↙（Line）

（1）画水平线、垂直线：打开"正交"或"F8"。

（2）画角度线：①打开"极轴"，设置所需的角度。②命令行输入，如线长为100mm，角度为22°（命令：@100＜22）。

（3）画任意线：通过捕捉点的方式连接。

启动直线命令后，AutoCAD 给出以下操作提示：

指定第一点：（确定线段起点）

指定下一点或［放弃（U）］：（指定下一点或输入 U 取消上一线段）

指定下一点或［放弃（U）］：（若只想绘制一条线段，可在该提示下回车结束绘制操作，若还想继续画线，可输入下一点坐标）

当想连续画两条以上直线时，AutoCAD 2010 将反复提示：

指定下一点或［闭合（C）/放弃（U）］：（可继续输入下一点坐标，也可输入 C（Close）闭合图形）

例：用直线命令绘制如图 2-1 所示的图形。

命令：Line ↙

指定第一点：0, 0 ↙

指定下一点或［放弃（U）］：20, 20 ↙

指定下一点或［闭合（C）/放弃（U）］：10, 20 ↙

指定下一点或［闭合（C）/放弃（U）］：10, 10 ↙

指定下一点或［闭合（C）/放弃（U）］：0, 10 ↙

指定下一点或［闭合（C）/放弃（U）］：C ↙

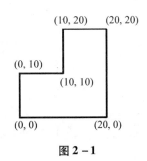

图 2-1

二、圆（Circle）

圆是工程制图中另一常见的元素之一，可以表示孔、轴等。

功能：按指定的方式绘制圆。

命令输入 ⎰ 下拉菜单：【绘图】→【圆】→【画圆方式……】
单击工具栏： ◎
键盘输入：C ↙（Circle）

（1）三点画圆 ◎。

（2）二点画圆 ◎。

（3）半径/直径画圆 ◎。确定圆心，输入半径或直径（D）。

（4）相切、相切、半径（t）◎。

（5）相切、相切、相切 ◎。

该命令有 6 种画圆的方法，命令提示及操作方法如下：

指定圆的圆心或［三点（3P）/两点（2P）/相切、相切、半径（T）］：

1）指定圆心与圆的半径。

先输入圆心位置。接着提示为：

指定圆的半径或［直径（D）］：

可以用输入法在圆周上任一点的坐标或输入半径值来回答。

2）指定圆心与圆的直径。

用"D"来响应提示，则出现：

指定圆的直径：

3）2P 选项。

用"2P"响应第一个提示，就可以用两个输入点的距离为直径画圆。

指定圆直径的第一个端点：

指定圆直径的第二个端点：

4）3P 选项。

用"3P"响应第一个提示，就是要输入圆周上的三个点来画圆。

指定圆上的第一个点：

指定圆上的第二个点：

指定圆上的第三个点：

5）T 选项。

用"T"响应第一个提示，就可以用给定半径画一个与两已知图形对象相切的圆。

指定对象与圆的第一个切点：

指定对象与圆的第二个切点：

指定圆的半径（当前值）：

6）"相切、相切、相切"画圆。

画与三个指定实体相切的圆，这其实是"三点"画圆的特例，即过三个切点画圆。故应先选"3P"选项，再用"TAN"来回答三个点的提示，并随提示捕捉三个与圆相切的对象，就画出了这个圆。该方法也可以直接在下拉菜单的"圆"选项中直接选取。

例：作出图 2-2。

命令：Line✓（绘制水平中心线）

指定第一点：-10，0✓

指定下一点或［放弃（U）］：30，0✓

指定下一点或［闭合（C）/放弃（U）］：✓

命令：Line✓（绘制左边竖直中心线）

指定第一点：0，10✓

指定下一点或［放弃（U）］：0，-10✓

指定下一点或［闭合（C）/放弃（U）］：✓

命令：Line✓（绘制左边竖直中心线）

指定第一点：20，10✓

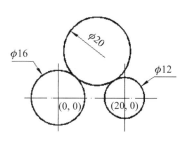

图 2-2

指定下一点或［放弃（U）］：20，-10✓

指定下一点或［闭合（C）/放弃（U）］：✓

命令：Circle✓

指定圆的圆心或［三点（3P）/两点（2P）/相切、相切、半径（T）］：0，0✓（或者捕捉圆心 0，0）

指定圆的半径或［直径（D）］：8✓

命令：Circle✓

指定圆的圆心或［三点（3P）/两点（2P）/相切、相切、半径（T）］：20，0✓（或者捕捉圆心 20，0）

指定圆的半径或［直径（D）］：6✓

命令：Circle✓

指定圆的圆心或［三点（3P）/两点（2P）/相切、相切、半径（T）］：T✓

指定对象与圆的第一个切点：（用鼠标点选圆∅18 的恰当位置）

指定对象与圆的第二个切点：（用鼠标点选圆φ12 的恰当位置）

指定圆的半径：10✓

三、圆弧（Arc）

功能：绘制圆弧。

命令输入 { 下拉菜单：【绘图】→【圆弧】→【圆弧方式……】
单击如图 2-3 所示的工具栏
键盘输入：A ↙ （Arc）

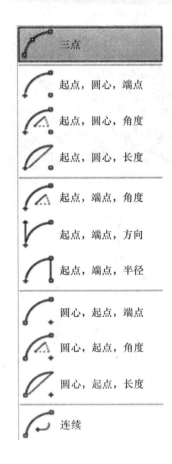

图 2-3　圆弧的绘制方法

绘制圆弧的操作提示是：

指定圆弧的起点或 ［圆心（C）］：

1. 通过指定三点绘制圆弧

通过指定三点可以绘制圆弧。在图 2-4 的示例中，圆弧的起点捕捉到直线的端点，圆弧的第二点捕捉到中间的圆。

命令提示和操作方法是：

命令：_ Arc ↙

指定圆弧的起点或 ［圆心（C）］：（输入或捕捉圆弧的起点）

指定圆弧的第二个点或 ［圆心（C）/端点（E）］：（输入或捕捉圆弧的第二个点）

指定圆弧的端点：（输入或捕捉圆弧的端点）

2. 通过指定起点、圆心、端点绘制圆弧

如果已知起点、中心点和端点，可以通过首先指定起点或中心点来绘制圆弧。

中心点是指圆弧所在圆的圆心。如图2-5所示。

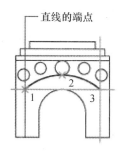

图2-4　通过指定三点绘制圆弧

起点(1)、圆心
(2)、端点(3)

圆心(1)、起点
(2)、端点(3)

图2-5　通过指定起点、圆心、端点绘制圆弧

命令的提示和操作方法有：

（1）输入的顺序是：起点→圆心→端点。

命令：_ Arc↙

指定圆弧的起点或［圆心（C）］：（输入或捕捉圆弧的起点）

指定圆弧的第二个点或［圆心（C）/端点（E）］：c↙

指定圆弧的圆心：（输入或捕捉圆弧的圆心）

指定圆弧的端点或［角度（A）/弦长（L）］：（输入或捕捉圆弧的端点）

（2）输入的顺序是：起点→端点→圆心。

命令：_ Arc↙

指定圆弧的起点或［圆心（C）］：（输入或捕捉圆弧的起点）

指定圆弧的第二个点或［圆心（C）/端点（E）］：e↙

指定圆弧的端点：（输入或捕捉圆弧的端点）

指定圆弧的圆心或［角度（A）/方向（D）/半径（R）］：（输入或捕捉圆弧的圆心）

3. 通过指定起点、圆心、角度绘制圆弧

如果存在可以捕捉到的起点和圆心，并且已知包含角度，请使用"起点、圆心、角度"或"圆心、起点、角度"选项。如图2-6所示。

命令的提示和操作方法有：

命令：_ Arc↙

指定圆弧的起点或［圆心（C）］：（输入或捕捉圆弧的起点）

指定圆弧的第二个点或［圆心（C）/端点（E）］：c↙

指定圆弧的圆心：（输入或捕捉圆弧的圆心）

指定圆弧的端点或［角度（A）/弦长（L）］：a↙

指定包含角：（输入角度的大小）

包含角

图2-6　通过指定起点、
圆心、角度绘制圆弧

4. 通过指定起点、端点、角度绘制圆弧

包含角度决定圆弧的端点。如果已知两个端点但不能捕捉到圆心，可以使用"起点、端点、角度"法。如图2-7所示。

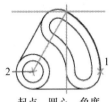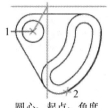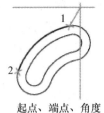

起点、圆心、角度　　　　　圆心、起点、角度　　　　　起点、端点、角度

图 2 - 7　通过指定起点、端点、角度绘制圆弧

命令：_ Arc ↙

指定圆弧的起点或［圆心（C）］：（输入或捕捉圆弧的起点）

指定圆弧的第二个点或［圆心（C）/端点（E）］：e ↙

指定圆弧的端点：（指定圆弧的端点）

指定圆弧的圆心或［角度（A）/方向（D）/半径（R）］：a ↙

指定包含角：（输入角度的大小）

5. 通过指定起点、圆心、长度绘制圆弧

如果存在可以捕捉到的起点和中心点，并且已知弦长，请使用"起点、圆心、长度"或"圆心、起点、长度"选项。

命令的提示和操作方法有：

（1）输入的顺序是：起点→圆心→长度。

命令：_ Arc ↙

指定圆弧的起点或［圆心（C）］：（输入或捕捉圆弧的起点）

指定圆弧的第二个点或［圆心（C）/端点（E）］：c ↙

指定圆弧的圆心：（输入或捕捉圆弧的圆心）

指定圆弧的端点或［角度（A）/弦长（L）］：L ↙

指定弦长：（输入圆弧的弦长）

（2）输入的顺序是：圆心→起点→长度。

命令：_ Arc ↙

指定圆弧的起点或［圆心（C）］：c ↙

指定圆弧的圆心：（输入或捕捉圆弧的圆心）

指定圆弧的起点：（输入或捕捉圆弧的起点）

指定圆弧的端点或［角度（A）/弦长（L）］：L ↙

指定弦长：（输入圆弧的弦长）

6. 通过指定起点、端点、方向/半径绘制圆弧

如果存在起点和端点，请使用"起点、端点、半径"或"起点、端点、方向"选项。

图 2 - 8（a）显示的是通过指定起点、端点和半径绘制的圆弧。可以通过输入长度，或者通过顺时针或逆时针移动定点设备并单击确定一段距离来指定半径。图 2 - 8（b）显示的是通过指定起点、端点和方向使用定点设备绘制的圆弧。向起点和端点的上方移动光标将绘制上凸的圆弧，向下移动光标将绘制下凹的圆弧。

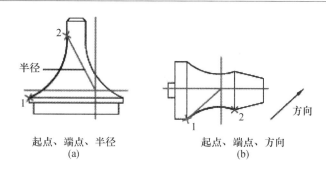

起点、端点、半径　　　　　　　　起点、端点、方向
(a)　　　　　　　　　　　　　　　(b)

图2-8　通过指定起点、端点、方向/半径绘制圆弧

四、射线（Ray）

可以创建向一个或两个方向无限延伸的构造线，向两个方向延伸的构造线通常称为参照线。只向一个方向延伸的构造线称为射线。调用该命令的方法有：

命令输入 $\begin{cases} \text{下拉菜单：【绘图】→【射线】} \\ \text{单击工具栏：} \\ \text{键盘输入：Ray} \end{cases}$

例：绘制图2-9所示射线。

命令：Ray

指定起点位置：10，10（直接输入起点坐标）

指定通过点：（用鼠标拾取第一个通过点）

指定通过点：300，150（输入第二个通过点的坐标）

指定通过点：@20，60（输入第三个通过点相对于起始点的相对坐标）

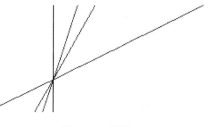

图2-9　射线

指定通过点：@100<60（输入第四个通过点相对于起始点的极坐标）

指定通过点：

五、多段线（Pline）

多段线是作为单个对象创建的相互连接的序列线段。可以创建直线段、弧线段或两者的组合线段。创建二维多段线的方法有：

命令输入 $\begin{cases} \text{下拉菜单：【绘图】→【多段线】} \\ \text{单击工具栏：} \\ \text{键盘输入：Pl（Pline）} \end{cases}$

命令操作提示如下：

指定起点：（输入或捕捉起点）

当前线宽为〈当前值〉：（输入线宽或确定）

指定下一个点或［圆弧（A）/关闭（C）/半宽（H）/长度（L）/放弃（U）/宽度（W）］：指定点（2）或输入选项

使用该命令可以：

1. 创建圆弧多段线

绘制多段线的弧线段时，圆弧的起点就是前一条线段的端点。可以指定圆弧的角度、圆心、方向或半径。通过指定一个中间点和一个端点也可以完成圆弧的绘制。

2. 创建闭合多段线

可以通过绘制闭合多段线来创建多边形。闭合多段线时，要指定对象最后一条边的起点，输入 c（闭合）并按 Enter 键。

3. 创建宽度多段线

使用"宽度"和"半宽"选项可以绘制各种宽度的多段线。可以依次设置每条线段的宽度，使它们从一个宽度到另一宽度逐渐递减。指定多段线的起点之后，即可使用这些选项。如图 2 – 10 所示。

变宽度　　　　　　　等宽度

图 2 – 10　创建宽度多段线

使用"宽度"和"半宽"选项可以设置要绘制的下一条多段线的宽度。零（0）宽度生成细线。大于零的宽度生成宽线，如果"填充"模式打开则填充该宽线，如果关闭则只画出轮廓。"半宽"选项通过指定宽多段线的中心到外边缘的距离来设置宽度。

六、多线（Mline）

多线是由两条或两条以上直线构成的一组相互平行的直线，这些直线可以根据需要预先设置成不同的线型和颜色。执行该命令的方法有：

命令输入 {
下拉菜单：【绘图】→【多线】
单击工具栏：✎
键盘输入：Ml ↙（Mline ↙）
}

例：绘制如图 2 – 11 所示图形。

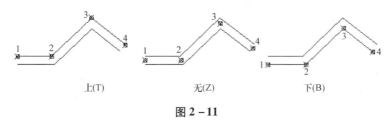

上(T)　　　　　　无(Z)　　　　　　下(B)

图 2 – 11

命令：Mline ↙

当前设置：对正 = 上，比例 = 100.00，样式 = Standard

指定起点或 [对正（J）/比例（S）/样式（St）]：

指定下一点：（选取点 2）

指定下一点或 [放弃（U）]：（选取点 3）

指定下一点或 [闭合（C）/放弃（U）]：（选取点 4）

指定下一点或 [闭合（C）/放弃（U）]：↙

当输入 J 改变对正方式：

指定起点或 [对正（J）/比例（S）/样式（St）]：J ↙

输入对正类型 [上（T）/无（Z）/下（B）] <下>：（输入对正方式选项）

当输入 S 改变比例：

指定起点或［对正（J）/比例（S）/样式（St）］：S↙

输入多线比例＜100.00＞：（输入比例值）

七、正多边形（Polygon）

功能：该命令用于绘制 3～1024 边的正多边形。

命令输入 { 下拉菜单：【绘图】→【正多边形】

单击工具栏：□

键盘输入：Pol ↙（Polygon ↙）

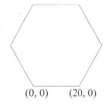

（0，0）　　（20，0）

图 2-12

例 1：绘制如图 2-12 所示图形。

命令：Polygon ↙

输入边的数目〈4〉：6 ↙

指定正多边形的中心点或［边（E）］：E ↙

指定边的第一个端点：0，0 ↙

指定边的第二个端点：20，0 ↙

例 2：绘制图 2-13 所示图形。

命令：Polygon ↙

输入边的数目〈4〉：6 ↙

指定正多边形的中心点或［边（E）］：（用鼠标选取圆心）

输入选项［内接于圆（I）/外切于圆（C）］〈C〉：C ↙

指定圆的半径：（用鼠标捕捉到圆的象限点）

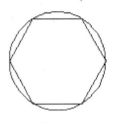

图 2-13

八、矩形（Rectang）

矩形是一种封闭的多段线对象。与绘制多段线类似，用户在绘制矩形时可以指定其宽度，此外还可以在矩形的边与边之间绘制圆角和倒角。

命令输入 { 下拉菜单：【绘图】→【矩形】

单击工具栏：□

键盘输入：Rec ↙（Rectang ↙）

例 1：绘制如图 2-14 所示图形。

命令：Rec ↙

指定第一个角点或［倒角（C）/标高（E）/圆角（F）/厚度（T）/宽度（W）］：0，0 ↙

指定另一个角点或［尺寸（D）］：100，50 ↙

例 2：绘制图 2-15 所示图形。

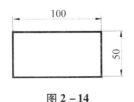

100

50

图 2-14

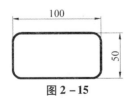

100

50

图 2-15

命令：Rec ✓

指定第一个角点或〔倒角（C）/标高（E）/圆角（F）/厚度（T）/宽度（W）〕：F ✓

指定矩形的圆角半径 <0.000 >：10 ✓

指定第一个角点或〔倒角（C）/标高（E）/圆角（F）/厚度（T）/宽度（W）〕：0，0 ✓

指定另一个角点或〔尺寸（D）〕：100，50 ✓

九、椭圆（Ellipse）

椭圆由定义其长度和宽度的两条轴决定。较长的轴称为长轴，较短的轴称为短轴。

命令输入 { 下拉菜单：【绘图】→【椭圆】→【绘制椭圆方式……】

单击工具栏： ◉

键盘输入：El ✓（Ellipse ✓）

例1：绘制如图2－16所示图形。

命令：Ellipse ✓

指定椭圆的轴端点或〔圆弧（A）/中心（C）/等轴测圆（I）〕：（输入或用鼠标选取点1）

指定轴的另一个端点：（输入或用鼠标选取点2）

指定另一半轴长度或〔旋转（R）〕：（输入半轴长度或用鼠标选取点3）

例2：绘制图2－17所示图形。

命令：Ellipse ✓

指定椭圆的轴端点或〔圆弧（A）/中心（C）/等轴测圆（I）〕：C ✓

指定椭圆的中心点：（输入或用鼠标选取点1）

指定轴的端点：（输入或用鼠标选取点2）

指定另一半轴长度或〔旋转（R）〕：（输入半轴长度或用鼠标选取点3）

例3：绘制如图2－18所示图形。

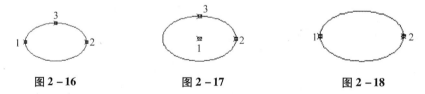

图2－16　　　　　　　图2－17　　　　　　　图2－18

命令：Ellipse ✓

指定椭圆的轴端点或〔圆弧（A）/中心（C）/等轴测圆（I）〕：（输入或用鼠标选取点1）

指定轴的另一个端点：（输入或用鼠标选取点2）

指定另一半轴长度或〔旋转（R）〕：R ✓

指定绕长轴旋转：45 ✓

十、样条曲线（Spline）

功能：该命令用来绘制通过或接近一系列给定点的光滑曲线。可用于绘制波浪线、等高线等。

命令输入 $\left\{\begin{array}{l}\text{下拉菜单：【绘图】} \rightarrow \text{【样条曲线】}\\ \text{单击工具栏：} \\ \text{键盘输入：Spl}\swarrow \text{（Spline}\swarrow \text{）}\end{array}\right.$

例：绘制如图 2-19 所示图形。

命令：Spline $\swarrow$

指定第一个点或［对象（O）］：（用鼠标选取点1）

指定下一点：（用鼠标选取点2）

图 2-19

指定下一点或［闭合（C）／拟合公差（F）］＜起点切向＞：
（用鼠标选取点3）

指定下一点或［闭合（C）／拟合公差（F）］＜起点切向＞：（用鼠标选取点4）

指定下一点或［闭合（C）／拟合公差（F）］＜起点切向＞：$\swarrow$

任务二　基本编辑命令

 任务目标

（1）熟悉 AutoCAD 编辑命令。

（2）掌握 AutoCAD 编辑命令操作。

 基本概念

一、对象的选择

在 AutoCAD 中必须先选中对象，才能对它进行处理。在许多编辑命令之后都会出现"选择对象"提示。选择对象经常通过下列方式进行：

1. 点选

通过单击鼠标选择对象。如图 2-20 所示。

2. 选择最后绘制的对象（Last）

例如，绘图的顺序为：三角形→圆→正方形。

命令：Erase ↙

选择对象：L ↙ 找到 1 个

如图 2-21 所示。

3. 全选（All）

命令：Erase ↙

选择对象：All ↙ 找到 3 个

如图 2-22 所示。

图 2-20　点选

图 2-21　选择绘制对象

图 2-22　全选

4. 框选（Crossing）

从左向右拖动光标，以选择矩形窗口包围的或相交的对象。

5. 窗选（Window）

从左向右拖动光标，以仅选择完全位于矩形区域中的对象。使用"窗口选择"选择对象时，通常整个对象都要包含在矩形选择区域中。

二、删除（Erase）

功能：删除光标拾取到的图形要素，可以使用多种方法从图形中删除对象。

命令输入 $\begin{cases} 下拉菜单：【修改】→【删除】 \\ 单击工具栏：\end{cases}$

命令输入 $\begin{cases} 单击工具栏： \\ 键盘输入：E ↙（Erase） \end{cases}$

（1）选中对象→右键"删除"。

（2）选中对象→按键盘上"Delete"键。

出现误删除时，可以使用 UNDO 命令恢复意外删除的对象。

删除命令的操作提示：

命令：_ Erase

选择对象：（用鼠标选择对象）↙

三、拉伸命令（Stretch）

功能：可以调整对象大小使其在一个方向上或按比例增大或缩小，使用拉伸命令，可以重定位穿过或在交叉选择窗口内的对象的端点。

命令输入 $\begin{cases} 下拉菜单：【修改】→【拉伸】 \\ 单击工具栏： \\ 键盘输入：S ↙（Stretch） \end{cases}$

例：将图 2-23 的（a）绘制成（b）。

命令：_ Stretch ↙

选择对象：（以交叉窗口或交叉多边形选择要拉伸的对象……）↙（见图 2-24）

指定基点或［位移（D）］<位移>：（输入或捕捉基点）

指定第二个点或<使用第一个点作为位移>：20 ↙

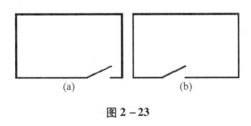

图 2-23

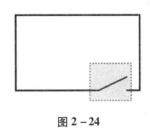

图 2-24

四、移动命令（Move）

功能：将选择的对象移动到指定的位置，可以使用坐标、栅格捕捉、对象捕捉和其他工具可以精确移动对象。

命令输入 $\begin{cases} 下拉菜单：【修改】→【移动】 \\ 单击工具栏： \\ 键盘输入：M ↙（Move） \end{cases}$

1. 使用两点移动对象的步骤

（1）依次单击修改（M）菜单——移动（V）。

（2）选择要移动的对象。

（3）指定移动基点。

（4）指定第二个点。

注：选定对象将移到由第一点和第二点间的方向和距离确定的新位置。

2. 使用位移移动对象的步骤

（1）依次单击修改（M）菜单——移动（V）。

（2）选择要移动的对象。

（3）以笛卡儿坐标值、极坐标值、柱坐标值或球坐标值的形式输入位移。无须包含 @ 符号，因为相对坐标是假设的。

（4）提示输入第二点时，请按 Enter 键。

注：坐标值将用作相对位移，而不是基点位置。选定对象将移到由输入的相对坐标值确定的新位置。

五、缩放（Scale）

功能：将对象按指定的比例因子相对于基点进行尺寸缩放，比例因子大于 1 是放大，小于 1 是缩小。

命令输入 $\begin{cases} \text{下拉菜单：【修改】→【缩放】} \\ \text{单击工具栏：} \square \\ \text{键盘输入：Sc ✓（Scale）} \end{cases}$

该命令的操作提示：

命令：_ Scale ✓

选择对象：（选择要缩放的对象并按回车键确定）

指定基点：（输入或用鼠标捕捉基点）

指定比例因子或〔复制（C）／参照（R）〕＜当前值＞：（输入比例因子或选择参照）

例1：将图 2-25 的（a）绘制成（b）。

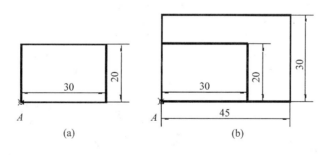

(a)　　　　　　　(b)

图 2-25

命令：_ Scale ✓

选择对象：（选择对象）✓

指定基点：（用鼠标捕捉基点 A）

指定比例因子或〔复制（C）／参照（R）〕＜当前值＞：c✓

指定比例因子或〔复制（C）／参照（R）〕＜当前值＞：1.5✓

例2：将图2-26的（a）绘制成（b）。

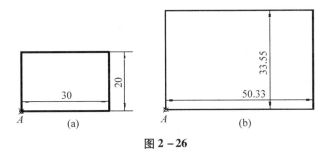

图2-26

命令：_ Scale ↙

选择对象：（选择对象）↙

指定基点：（用鼠标捕捉基点A）

指定比例因子或［复制（C）/参照（R）］＜当前值＞：r↙

指定参照长度＜当前值＞：30↙

指定新的长度或［点（P）］＜1.0000＞：50.33↙

六、延伸命令（Extend）

延伸与修剪的操作方法相同。可以延伸对象，使它们精确地延伸至由其他对象定义的边界边。在图2-27中，将直线精确地延伸到由一个圆定义的边界边。

选定的边界　　　　　选定要延伸的对象　　　　　结果

图2-27　延伸命令

功能：将选择的对象延伸到选定的边界。

命令输入 {
下拉菜单：【修改】→【延伸】
单击工具栏：--/
键盘输入：Ex ↙（Extend）
}

例：将图2-28的（a）绘制成（b）。

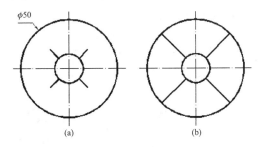

图2-28

命令：_ Extend ↙

当前设置：投影＝UCS，边＝无

选择边界的边……

选择对象或＜全部选择＞：（用鼠标选择φ50圆）

选择对象：↙

选择要延伸的对象或按住Shift键选择要修剪的对象或［栏选（F）／窗交（C）／投影（P）／边（E）／放弃（U）］：（用鼠标单击选择要延伸的直线）

选择要延伸的对象或按住Shift键选择要修剪的对象或［栏选（F）／窗交（C）／投影（P）／边（E）／放弃（U）］：（用鼠标单击选择要延伸的直线）

选择要延伸的对象或按住Shift键选择要修剪的对象或［栏选（F）／窗交（C）／投影（P）／边（E）／放弃（U）］：（用鼠标单击选择要延伸的直线）

选择要延伸的对象或按住Shift键选择要修剪的对象或［栏选（F）／窗交（C）／投影（P）／边（E）／放弃（U）］：（用鼠标单击选择要延伸的直线）

选择要延伸的对象或按住Shift键选择要修剪的对象或［栏选（F）／窗交（C）／投影（P）／边（E）／放弃（U）］：↙

七、修剪命令（Trim）

功能：用剪切边修剪某些实体的一部分，相当于用橡皮擦去实体的多余部分。

命令输入 { 下拉菜单：【修改】→【修剪】
单击工具栏：⊸
键盘输入：Tr↙（Trim）

例：将图2-29的（a）绘制成（b）。

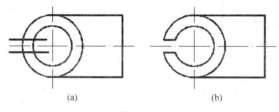

(a)   (b)

图 2-29

命令：_ Trim↙

当前设置：投影＝UCS，边＝无

选择剪切边……

选择对象或＜全部选择＞：↙

选择要修剪的对象或按住Shift键选择要延伸的对象或［栏选（F）／窗交（C）／投影（P）／边（E）／删除（R）／放弃（U）］：（用鼠标单击左键选择要修剪的对象）

八、复制命令（Copy）

功能：复制就是可以从原对象以指定的角度和方向创建对象的副本。

下拉菜单：【修改】→【复制】

命令输入 单击工具栏：

键盘输入：Co ✓ 或 Cp ✓（Copy）

命令操作提示：

命令：Copy

选择对象：（使用对象选择方法选择对象，完成后按 Enter 键）

指定基点或［位移（D）］＜位移＞：（指定基点或输入选项）

指定第二个点或＜使用第一个点作为位移＞：（指定第二点或输入位移值）

指定第二个点或［退出（E）/放弃（U）］＜退出＞：✓

操作实例，如图 2-30 所示：

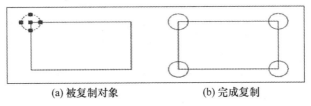

(a) 被复制对象　　　　　(b) 完成复制

图 2-30　多重复制

九、打断命令（Break）

功能：将一个对象打断或打断于点，在对象上创建一个间隙，这样将产生两个对象，对象之间具有间隙。

下拉菜单：【修改】→【打断】

命令输入 单击工具栏：

键盘输入：Br ✓（Break）

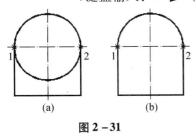

(a)　　　　(b)

图 2-31

例：用打断命令将图 2-31 的（a）绘制成（b）。

命令：_ Break ✓

选择对象：（选择圆）

指定第二个打断点或［第一点（F）］：f ✓

指定第一个打断点：（捕捉点 1）

指定第二个打断点：（捕捉点 2）

十、倒角命令（Chamfer）

功能：将选定的两条非平行直线，从交点处各裁剪掉指定的长度（长度可以为零），并以斜线连接两个裁剪端。通常用于表示角点上的倒角边。可以使用倒角的对象有：直线、多段线、射线、构造线、三维实体。

下拉菜单：【修改】→【倒角】

命令输入 单击工具栏：

键盘输入：Cha ✓（Chamfer）

①两个距离相等（45°倒角）；②两个距离不相等；③一个距离，一个角度；④修剪方式：修剪 T，不修剪 N。

例1：将图2-32的（a）修改成（b）。

命令：_ Chamfer ↙

（"修剪"模式）当前倒角距离1=0.0000，距离2=0.0000

选择第一条直线或［放弃（U）/多段线（P）/距离（D）/角度（A）/修剪（T）/方式（E）/多个（M）］：d ↙

指定第一个倒角距离＜0.0000＞：5 ↙

指定第二个倒角距离＜5.0000＞：5 ↙

选择第一条直线或［放弃（U）/多段线（P）/距离（D）/角度（A）/修剪（T）/方式（E）/多个（M）］：（选择直线1）

选择第二条直线或按住Shift键选择要应用角点的直线：（选择直线2）

例2：将图2-33的（a）修改成（b）。

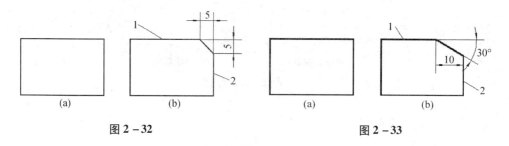

图2-32   图2-33

命令：_ Chamfer ↙

（"修剪"模式）当前倒角距离1=5.0000，距离2=5.0000

选择第一条直线或［放弃（U）/多段线（P）/距离（D）/角度（A）/修剪（T）/方式（E）/多个（M）］：a ↙

指定第一条直线的倒角长度＜0.0000＞：10 ↙

指定第一条直线的倒角角度＜0＞：30 ↙

选择第一条直线或［放弃（U）/多段线（P）/距离（D）/角度（A）/修剪（T）/方式（E）/多个（M）］：↙

选择第二条直线或按住Shift键选择要应用角点的直线：（选择直线2）

例3：将图2-34的（a）修改成（b）。

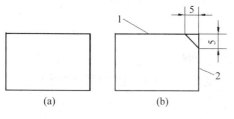

图2-34

命令：_ Chamfer ↙

（"修剪"模式）当前倒角长度=10.0000，角度=30

选择第一条直线或［放弃（U）/多段线（P）/距离（D）/角度（A）/修剪（T）/方式（E）/多个（M）］：t ↙

输入修剪模式选项［修剪（T）/不修剪（N）］＜修剪＞：n ↙

选择第一条直线或［放弃（U）/多段线（P）/距离（D）/角度（A）/修剪（T）/方式（E）/多个（M）］：d ↙

指定第一个倒角距离＜5.0000＞：5 ↙

指定第二个倒角距离 <5.0000 >: 5 ✓

选择第一条直线或 [放弃 (U) /多段线 (P) /距离 (D) /角度 (A) /修剪 (T) /方式 (E) /多个 (M)]: (选择直线1)

选择第二条直线或按住 Shift 键选择要应用角点的直线: (选择直线2)

十一、倒圆角命令 (Fillet)

功能: 可以使用圆角命令修改两个对象使其以过度圆角相连接。可以圆角的对象有: 圆弧、圆、椭圆和椭圆弧、直线、多段线、射线、样条曲线、构造线、三维实体等。

命令输入 {
下拉菜单: 【修改】→【圆角】
单击工具栏: ⌑
键盘输入: F ✓ (Fillet)
}

①R: 圆角半径; ②修剪方式: 修剪 T, 不修剪 N。

例1: 将图 2 - 35 的 (a) 修改成 (b)。

命令: _ Fillet ✓

当前设置: 模式 = 修剪, 半径 = 20.0000

选择第一个对象或 [放弃 (U) /多段线 (P) /半径 (R) /修剪 (T) /多个 (M)]: r ✓

指定圆角半径 <20.0000 >: 5 ✓

选择第一个对象或 [放弃 (U) /多段线 (P) /半径 (R) /修剪 (T) /多个 (M)]: (选择直线1)

选择第二个对象或按住 Shift 键选择要应用角点的对象: (选择直线2)

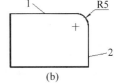

图 2 - 35

例2: 将图 2 - 36 的 (a) 用圆角修改成 (b)。

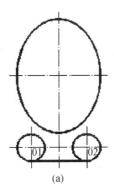
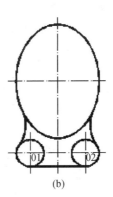

(a) (b)

图 2 - 36

命令: _ Fillet ✓

当前设置: 模式 = 修剪, 半径 = 5.0000

选择第一个对象或 [放弃 (U) /多段线 (P) /半径 (R) /修剪 (T) /多个 (M)]: r ✓

指定圆角半径 <5.0000 >: 20 ✓

选择第一个对象或 [放弃 (U) ／多段线 (P) ／半径 (R) ／修剪 (T) ／多个 (M)]：
(选择椭圆)

选择第二个对象或按住 Shift 键选择要应用角点的对象：(选择圆 01)

命令：_ Fillet ↙

当前设置：模式 = 修剪，半径 = 20.0000

选择第一个对象或 [放弃 (U) ／多段线 (P) ／半径 (R) ／修剪 (T) ／多个 (M)]：
(选择椭圆)

选择第二个对象或按住 Shift 键选择要应用角点的对象：(选择圆 02)

十二、偏移命令（Offset）

功能：偏移对象以创建其造型与原始对象造型平行的新对象。偏移命令用于创建造型与选定对象造型平行的新对象。偏移圆或圆弧可以创建更大或更小的圆或圆弧，取决于向哪一侧偏移。可以偏移直线、圆弧、圆、椭圆和椭圆弧（形成椭圆形样条曲线）、二维多段线、构造线（参照线）和射线、样条曲线等。

命令输入 { 下拉菜单：【修改】→【偏移】
单击工具栏：⌷
键盘输入：O ↙（Offset）

①移距离；②平移对象；③平移方向；④多个：M。

例 1：将图 2 - 37 的 (a) 绘制成 (b)。

命令：_ Offset ↙

当前设置：删除源 = 否　图层 = 源　OFF-SETGAPTYPE = 0

指定偏移距离或 [通过 (T) ／删除 (E) ／图层 (L)] <通过>：(输入偏移距离)

选择要偏移的对象或 [退出 (E) ／放弃 (U)] <退出>：(选择要偏移的对象)

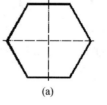
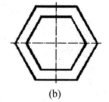

图 2 - 37

指定要偏移的那一侧上的点或 [退出 (E) ／多个 (M) ／放弃 (U)] <退出>：(用鼠标单击六边形内部任一点)

选择要偏移的对象或 [退出 (E) ／放弃 (U)] <退出>：↙

例 2：将图 2 - 38 的 (a) 绘制成 (b)。

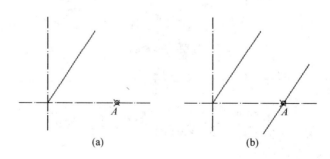

(a)　　　　　　　　　　(b)

图 2 - 38

命令：_ Offset ↙

指定偏移距离或 ［通过（T）/删除（E）/图层（L）］<通过>：t↙

选择要偏移的对象或 ［退出（E）/放弃（U）］<退出>：（用鼠标选择要偏移的对象）

指定通过点或 ［退出（E）/多个（M）/放弃（U）］<退出>：（用鼠标捕捉 A 点）

选择要偏移的对象或 ［退出（E）/放弃（U）］<退出>：↙

十三、镜像命令（Mirror）

功能：绕轴（镜像线）翻转对象创建镜像图像。要指定临时镜像线，请输入两点。可以选择是删除原对象还是保留原对象。

命令输入 $\left\{\begin{array}{l}\text{下拉菜单：【修改】→【镜像】}\\ \text{单击工具栏：} \\ \text{键盘输入：Mi ↙（Mirror）}\end{array}\right.$

①移动方式：Y 删除原对象；②复制方式：N 不删除原对象。

例：将图 2 - 39 的（a）绘制成（b）。

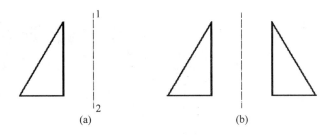

(a)   (b)

图 2 - 39

命令：_ Mirror ↙

选择对象：（选择对象）

选择对象：↙

指定镜像线的第一点：（捕捉点 1）

指定镜像线的第二点：（捕捉点 2）

要删除原对象吗？［是（Y）/否（N）］<N>：↙

十四、阵列命令（Array）

功能：该命令可以按指定的行数、列数及行间距、列间距进行矩形阵列；也可以按指定的阵列中心、阵列个数及包含角进行环形阵列。

命令输入 $\left\{\begin{array}{l}\text{下拉菜单：【修改】→【阵列】}\\ \text{单击工具栏：} \\ \text{键盘输入：Ar ↙（Array）}\end{array}\right.$

例1：将图 2-40 中的（a）绘制成（b）。

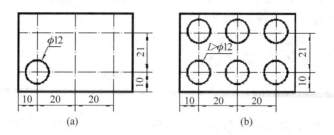

图 2-40

命令：Array↙

执行阵列命令，出现【阵列】对话框，选择【阵列】对话框中的"矩形阵列"；并设置为"行"为"2"，"列"为"3"，"行偏移"为"21"，"列偏移"为"20"，"阵列角度"为"0"；单击"选择对象"按钮。如图 2-41 所示。用鼠标选择 φ12 圆，并按回车键返回到【阵列】对话框，如图 2-41 所示。然后单击"确定"便形成图 2-40（b）。

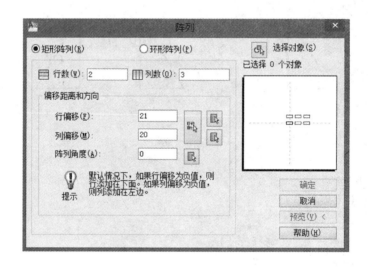

图 2-41

例2：将图 2-42 的（a）绘制成（b）。

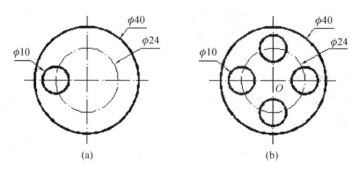

图 2-42

命令：Array ↙

执行阵列命令，出现【阵列】对话框，选择【阵列】对话框中的"环形阵列"；单击"中心点"按钮，用鼠标选择"0"点并返回到【阵列】对话框；并选择"方法"是"项目总数和填充角度"，设置为"项目总数"为"4"，填充角度为"360"。单击"选择对象"按钮，选择φ10圆并按回车键返回到【阵列】对话框。如图2-43所示，再单击"确定"按钮，便形成图2-42（b）。

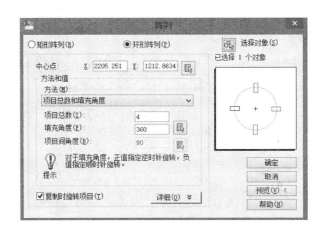

图 2-43

例3：将图2-44的（a）绘制成（b）。

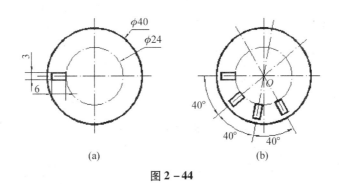

(a)   (b)

图 2-44

命令：Array ↙

执行阵列命令，出现【阵列】对话框，选择【阵列】对话框中的"环形阵列"；单击"中心点"按钮，用鼠标选择"0"点，如图2-45所示，返回到【阵列】对话框；并选择"方法"是"项目总数和项目间的角度"，设置为"项目总数"为"4"，"项目间角度"为"40"；选择"复制时旋转项目"。单击"选择对象"按钮，选择矩形并按回车键返回到【阵列】对话框。再单击"确定"按钮，便形成图2-44（b）。

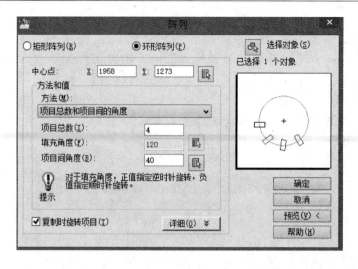

图 2 – 45

十五、旋转命令（Rotate）

功能：可以绕指定基点旋转图形中的对象。要确定旋转的角度，请输入角度值，使用光标进行拖动，或者指定参照角度，以便与绝对角度对齐。

命令输入 $\begin{cases}\text{下拉菜单：【修改】} \rightarrow \text{【旋转】} \\ \text{单击工具栏：} \circlearrowleft \\ \text{键盘输入：Ro} \swarrow \text{（Rotate）}\end{cases}$

①转角度；②复制方式：C。

例 1：将图 2 – 46 的（a）绘制成（b）。

命令：_ Rotate ✔

UCS 当前的正角方向：ANGDIR = 逆时 ANGBASE = 0

选择对象：（指定要旋转的对象，并按回车键）

指定基点：（用鼠标捕捉点选 A 点）

指定旋转角度或［复制（C）/参照（R）］＜当前值＞：

90 ✔

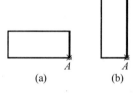

图 2 – 46

例 2：将图 2 – 47 的（a）绘制成（b）。

命令：_ Rotate ✔

UCS 当前的正角方向：ANGDIR = 逆时针

ANGBASE = 0

选择对象：（指定要旋转的对象，并按回车键）

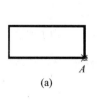

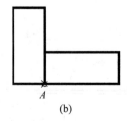

指定基点：（用鼠标捕捉点选 A 点）

指定旋转角度或［复制（C）/参照（R）］

＜270＞：c ✔

图 2 – 47

指定旋转角度或［复制（C）/参照（R）］＜270＞：90

十六、分解、爆炸命令（Explode）

功能：对于矩形、多段线、正多边形、块等由多个对象所组成的组合对象，如果需要对单个成员进行编辑，就需要先将它分解开。分解标注或图案填充后，将失去其所有的关联性，标注或填充对象被替换为单个对象（如直线、文字、点和二维实体）。分解多段线时，将放弃所有关联的宽度信息。所得直线和圆弧将沿原多段线的中心线放置。如果分解包含多段线的块，则需要单独分解多段线。如果使用属性分解块，属性值将丢失，只剩下属性定义。分解的块参照中的对象的颜色和线型可以改变。

命令输入 { 下拉菜单：【修改】→【分解】
单击工具栏：▱
键盘输入：X ↙（Explode）

命令操作提示：

命令：_ Explode ↙

选择对象：（选择对象并按回车键）

命令操作，如图 2-48 所示。

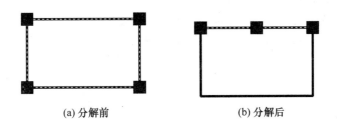

(a) 分解前   (b) 分解后

图 2-48 分解

十七、拉长（Lengthen）

功能：使用拉长命令，可以修改圆弧的包含角和以下对象的长度：直线、圆弧、开放的多段线、椭圆弧、开放的样条曲线。

命令输入 { 下拉菜单：【修改】→【拉长】
单击工具栏：▱
键盘输入：Len ↙（Lengthen）

命令操作提示：

命令：Lengthen

选择对象或［增量（DE）/百分数（P）/全部（T）/动态（DY）］：（选择一个对象或输入选项）↙

例：将图 2-49 的（a）绘制成（b）。

命令：_ Lengthen ↙

选择对象或［增量（DE）/百分数（P）/全部（T）/动态（DY）］：de ↙

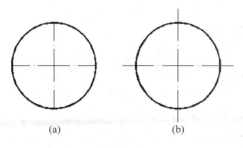

输入长度增量或［角度（A）］＜0.0000＞：4 ✓

选择要修改的对象或［放弃（U）］：（用鼠标单击要修改的对象）

选择要修改的对象或［放弃（U）］：（用鼠标单击要修改的对象）

选择要修改的对象或［放弃（U）］：（用鼠标单击要修改的对象）

图 2 - 49

选择要修改的对象或［放弃（U）］：（用鼠标单击要修改的对象）

选择要修改的对象或［放弃（U）］：✓

十八、特性匹配、格式刷（Matchprop）

功能：可以将一个对象的某些或所有特性复制到其他对象上。可以复制的特性类型包括颜色、图层、线型、线型比例、线宽等。

命令输入 ｛ 下拉菜单：【修改】→【特性匹配】
单击工具栏：
键盘输入：Ma ✓ （Matchprop）

命令操作如图 2 - 50 所示。

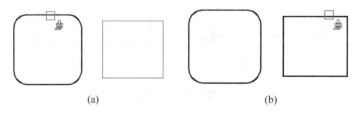

图 2 - 50　特性匹配

十九、夹点编辑命令

功能：夹点是指命令窗口出现"命令："提示时，单击选取对象在对象关键点上显示的小方框。用户可通过拖动夹点或右击夹点选择弹出快捷菜单中的相应选项，直接而快速地编辑对象。用户可使用夹点对对象进行移动、旋转、缩放、复制等操作。

图 2 - 51 所示为不同对象的夹点显示模式，用户可限制夹点在选定对象上的显示。

图 2 - 51　不同对象的夹点显示

1. 使用夹点拉伸对象

用户可在选取对象后，选择对象上的夹点，拉伸夹点到新的位置。如图 2 - 52（a）所示，长为 100mm 的直线，单击显示夹点，如图 2 - 52（b）所示，在打开"对象捕捉追踪"的情况下按住右端点水平向右拉出，同时输入 50，直线长度将变为 150mm，如图 2 - 52（c）所示。但要注意的是，拖动文字、块、直线中点、圆心和点对象的夹点不会产生拉伸，而是将对象移动到新的位置，对象形状、大小不变。

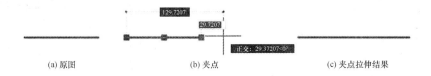

(a) 原图　　　　　　　　　(b) 夹点　　　　　　　　　(c) 夹点拉伸结果

图 2 - 52　使用夹点拉伸

2. 使用夹点移动对象

通过拖动文字、块、直线中点、圆心和点对象上的夹点移动对象，被选择的对象亮显并按指定的下一点的位置移动一定的方向和距离。如图 2 - 53 所示，拖动左图中小圆上的象限点能改变圆的半径，即为使用夹点的拉伸功能，拖动右图中小圆上的中心点能移动小圆的位置，小圆的形状、大小都不发生变化。

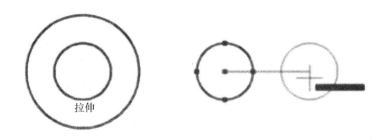

图 2 - 53　使用夹点拉伸和移动对象

3. 使用夹点旋转对象

右击对象的夹点上，在弹出的快捷菜单中选择"旋转"选项，并指定基点和旋转角度，就可旋转对象。如图 2 - 54 所示，选择三角形的下角点夹点，以它为中心进行旋转，可直接输入旋转角度。

4. 使用夹点缩放对象

使用夹点可以相对于指定基点按指定的比例因子缩放选定对象。如图 2 - 55 所示，选取三角形的下角点夹点，以它为缩放基点，直接输入缩放比例因子对其进行缩放。

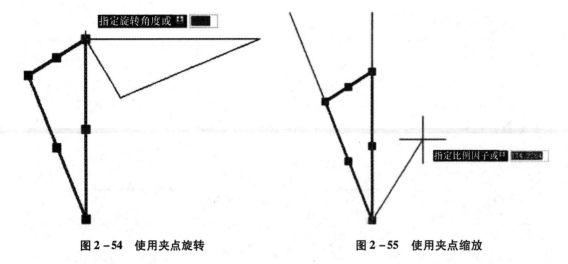

图 2 – 54　使用夹点旋转　　　　　　图 2 – 55　使用夹点缩放

任务三 平面图形的绘制

任务目标

（1）熟悉平面图形尺寸分析。
（2）掌握平面图形的绘制。

基本概念

一、平面图形的尺寸分析

平面图形中所标注尺寸按其作用分为两类：

（1）定形尺寸。确定平面图形中各线段形状大小的尺寸称为定形尺寸。如图2－56中的20、φ27、φ20、φ15、R40、R32、R28、R27、R15、R3等为定形尺寸。

（2）定位尺寸。确定平面图形中各线段之间相对位置的尺寸称为定位尺寸。如图2－56中的60、10、6等为定位尺寸。

标注尺寸要有起始位置，即所谓尺寸基准。对平面图形来说，一般用水平线作竖直方向尺寸的基准，用竖直线作水平方向尺寸的基准，它们可以是圆的中心线、图形的对称线或直线，有时点（如圆心）也可以作尺寸基准。如图2－56中，主要是以φ27的水平和竖直两条中心线为尺寸基准。

二、平面图形的线段分析

平面图形中的线段（直线或圆弧），有的尺寸齐全，可以根据其定形、定位尺寸直接作图画出；有的尺寸不齐全，必须根据其连接关系通过几何作图的方法画出。按尺寸是否齐全，线段分为三类：

（1）已知线段具有完整的定形尺寸和定位尺寸的线段称已知线段。作图时可根据已知尺寸直接绘出。如图2－56中的φ27和R32。

（2）中间线段具有定形尺寸和一个定位尺寸的线段称为中间线段。作图时，其另一个定位尺寸需依靠与已知线段的几何关系求出。如图2－56中的R27与R15。

（3）连接线段只有定形尺寸而没有定位尺寸的线段称为连接线段。作图时，需待其两端相邻的线段作出后，才能确定其位置。如图2－56中的R40、R28和R3。

三、平面图形的作图步骤

平面图形的绘图顺序为：先作基准线，画出已知线段，再画出中间线段，后画出连接线段。

图样中的图形都是由各种类型的图线（直线、圆弧或曲线）组成的平面图形。应熟练掌握平面图形的画法。下面以图 2-56 吊钩为例说明平面图形的分析方法和作图步骤。

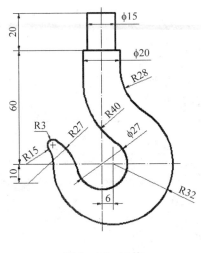

图 2-56　吊钩

（1）用绘直线命令、偏移命令及正交等绘制作图基准，如图 2-57 所示。
（2）用绘直线命令、偏移命令及修剪命令等绘制 φ15 圆柱，如图 2-58 所示。
（3）用绘直线命令、偏移命令及修剪命令等绘制 φ20 圆柱，如图 2-59 所示。

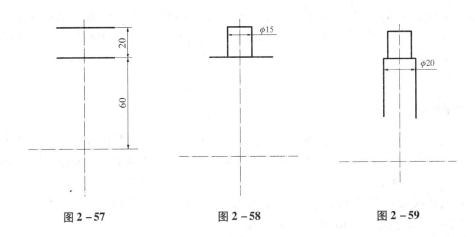

图 2-57　　　　　　　图 2-58　　　　　　　图 2-59

（4）用画圆命令绘制 φ27 圆，如图 2-60 所示。
（5）用偏移命令作出 R23 圆的圆心及用画圆命令绘制 R32 圆，如图 2-61 所示。
（6）用画圆命令绘制 R47 圆作为 R15 圆的圆心轨迹，如图 2-62 所示。
（7）用画圆命令绘制 R15 圆，如图 2-63 所示。
（8）用修剪命令修改 R15 圆，并用偏移命令、画圆命令求出 R27 圆的圆心轨迹，如图 2-64 所示。

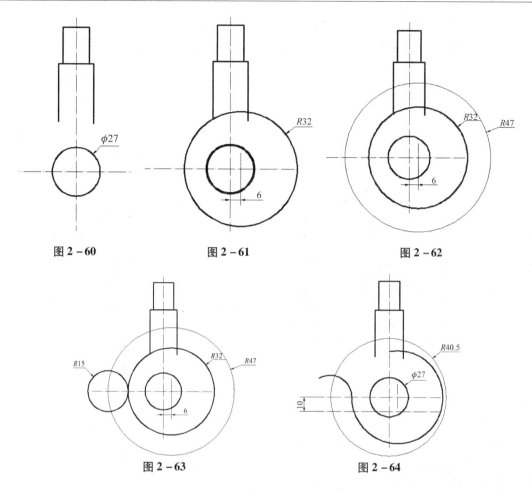

图 2 - 60　　　　　　　　　图 2 - 61　　　　　　　　　图 2 - 62

图 2 - 63　　　　　　　　　　图 2 - 64

（9）用画圆命令绘制 R27 圆，如图 2 - 65 所示。

（10）用圆角命令绘制 R3 圆弧并用修剪命令、删除命令等整理图形，如图 2 - 66 所示。

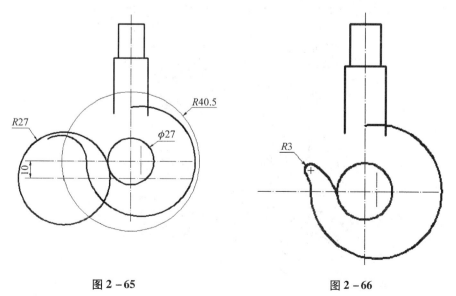

图 2 - 65　　　　　　　　　　图 2 - 66

（11）用圆角命令绘制 R28、R40 圆弧，如图 2－67 所示。

（12）用修剪命令、删除命令、修改图形属性、拉长命令等整理图形，如图 2－68 所示。

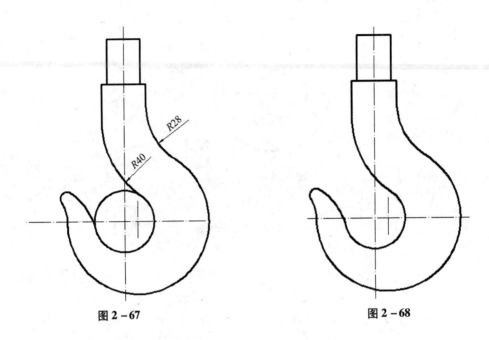

图 2－67　　　　　　　　　　　　　　　　　图 2－68

🔵 **上机练习**

综合练习，利用 AutoCAD 绘图及编辑命令，绘制下图。

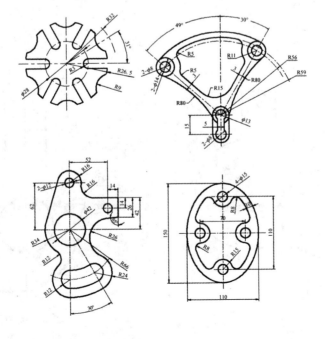

上机练习考核表

序号	主要内容	考核摘要	评分标准	配分	扣分	得分
1	图层设置	能正确设置图形所需图层的颜色、线型、线宽	(1) 图层线型设置不正确扣5分 (2) 图层颜色设置不正确扣5分 (3) 图层线宽设置不正确扣5分 (4) 新建、删除、设置为当前的操作不正确扣5分	15		
2	图形绘制	(1) 能正确操作绘图和编辑命令 (2) 能正确绘制图形	(1) 绘图和编辑命令操作不正确扣15分 (2) 图形绘制每错一处扣3分	30		
3	尺寸标注	(1) 能正确设置标注样式 (2) 能正确标注尺寸	(1) 标注样式设置不正确每处扣3分 (2) 尺寸标注不正确每错一处扣3分	25		
4	其他	(1) 能正确设置中心线性比例 (2) 中心线不宜过长 (3) 尺寸与尺寸不要相交 (4) 图形整体漂亮、整齐	不合理每处扣2分	10		
5	安全操作	符合上机实训操作要求	违反安全文明操作规程，扣5～20分	20		
			共计			
备注			教师签字　　　　年　　月　　日			

识读机械制图的基本知识

任务一 投影法的基本知识

任务目标

（1）熟悉投影法概念。

（2）熟悉三视图的概念及其投影规律。

（3）掌握基本几何体三视图的画法。

基本概念

一、投影法

1. 投影法概念

在日常生活中光线照射物体，将在物体后面的墙壁或地面上产生影子，这个影子就是投影。投影法即是通过这种现象科学而抽象地建立起来的。由投射中心（光源）发出的投射线通过物体，在选定的投影面上得到图形的方法称为投影法。根据投影法获得的图形叫投影，得到图形的面叫投影面，光源叫作投射中心。由投射中心通过物体的直线叫投射线，如图 3-1 所示。

2. 投影法分类

根据投射中心到投影面的距离，投影分为中心投影法和平行投影法；平行投影根据投射线与投影面是否垂直的位置关系又分为正投影和斜投影。如图 3-2、图3-3所示。

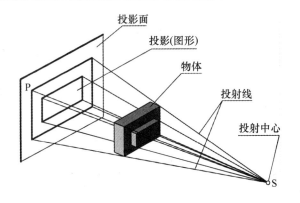

图 3 – 1　物体的投影

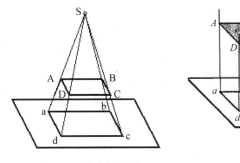

图 3 – 2　中心投影法

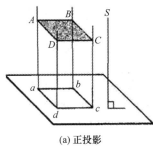

(a) 正投影　　　　　　　(b) 斜投影

图 3 – 3　斜投影法

二、正投影的基本特性

表 3 – 1　正投影的基本特性

性质	真实性	积聚性	类似性
图例			
说明	当直线或平面平行于投影面时，直线的正投影反映真实长度（简称真长），平面的正投影反映真实形状（简称真形），这种性质称真实性	当直线或平面垂直于投影面时，直线的投影积聚为点，平面的投影积聚为直线，这种性质称为积聚性	当直线或平面倾斜于投影面时，直线的投影小于真长，平面的投影为缩小的类似性（形状类似），这种性质称为类似性

三、三视图的形成及其投影规律

一般情况下，一个视图不能完全确定物体的形状和大小，如图 3 – 4 所示。

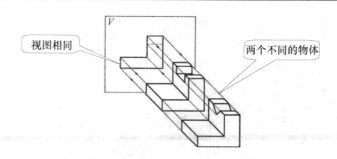

图 3 – 4　一个视图不能完全确定物体的形状和大小

1. 三投影面体系建立

三投影面体系如图 3 – 5 所示。

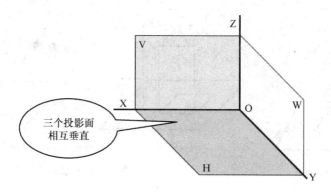

图 3 – 5　三投影面体系

正立投影面，简称正（平）面，用字母 V 表示。

水平投影面，简称水平面，用字母 H 表示。

侧平投影面，简称侧（平）面，用字母 W 表示。

任意两投影面的交线称投影轴，分别是：

正立投影面（V）与水平投影面（H）的交线称为 OX 轴，简称 X 轴，代表长度方向。

水平投影面（H）与侧投影面（W）的交线称为 OY 轴简称 Y 轴，代表宽度方向。

正立投影面（V）与侧投影面（W）的交线称为 OZ 轴简称 Z 轴，代表高度方向。X、Y、Z 三轴的交点 O 称为原点。

2. 三视图形成

如图 3 – 6 所示，将形体放在三面投影体系中，向三个投影面作正投影，得到的投影即是三视图。分别为：

主视图——从前向后投影，在 V 面上的正投影视图。

俯视图——从上向下投影，在 H 面上的正投影

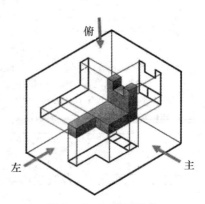

图 3 – 6　三视图形成

视图。

左视图——从左向右投影，在 W 面上的正投影视图。

3. 三视图展开

三视图的位置关系：俯视图在主视图下方；左视图在主视图右方。如图 3-7 所示。

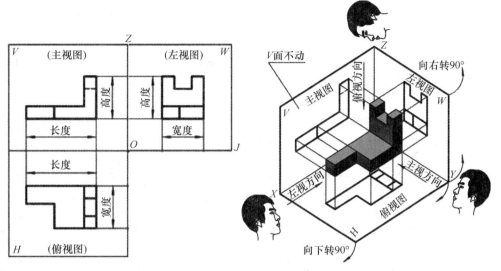

图 3-7　三视图展开

4. 三视图之间的对应关系

三等投影规律（投影关系）：

长对正——主视图与俯视图相应投影长度相等。

高平齐——主视图与左视图相应投影高度相等。

宽相等——俯视图与左视图相应投影宽度相等。

该投影关系适用于整个形体的投影，同时也适用于形体上某局部结构的投影，是画图和读图的法则，如图 3-8 所示。

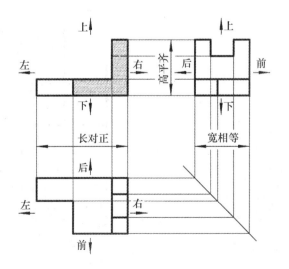

图 3-8　三视图投影规律

方位关系：主视图反映左、右和上、下；俯视图反映左、右和前、后；左视图反映上、下和前、后。

四、基本体的视图

1. 五棱柱

图 3 - 9 所示为正五棱柱，顶面和底面平行于水平面，后棱面平行于正面，其余棱面垂直于水平面，作图步骤如下：

（1）将中心线图层设置为当前层，用直线、偏移等命令绘制中心线，确定各视图的位置，如图 3 - 10 所示。

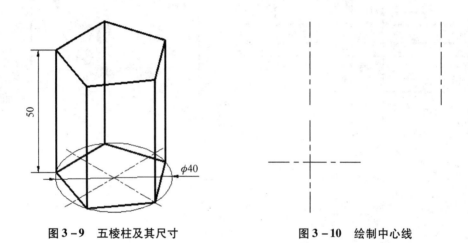

图 3 - 9   五棱柱及其尺寸   图 3 - 10   绘制中心线

（2）将粗实线图层设置为当前层，先画出反映主要形状特征的视图即俯视图的正五边形。如图 3 - 11 所示。

（3）按长对正的投影关系及五棱柱的高度画出主视图。如图 3 - 12 所示。

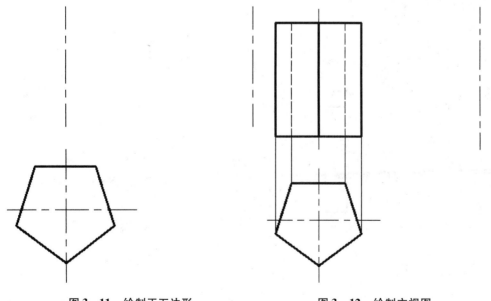

图 3 - 11   绘制正五边形   图 3 - 12   绘制主视图

（4）复制俯视图，利用高平齐、宽相等的投影关系画出左视图。如图 3 – 13 所示。

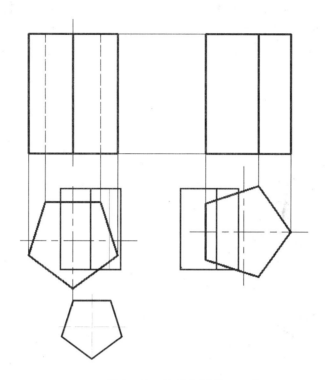

图 3 – 13 绘制左视图

（5）整理图形，删除多余线条。如图 3 – 14 所示。

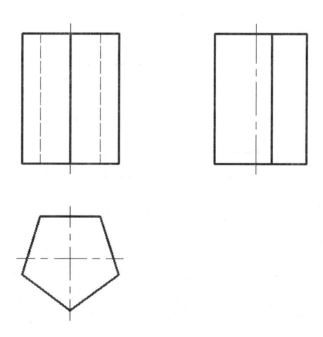

图 3 – 14 整理图形

2. 四棱锥台

如图 3 – 15 所示的四棱锥台的底面和顶面平行于水平面,其水平投影反映实形;左、右两个面垂直于正面,其正面积聚成直线;前、后两个面垂直于侧面,其侧面投影积聚成直线。四条棱线既不平行也不垂直于任一个投影面,所以它们在三个投影面上的投影均不反映实长。作图步骤如下:

(1)将中心线图层设置为当前层,用直线、偏移等命令绘制中心线,确定各视图的位置,如图 3 – 16 所示。

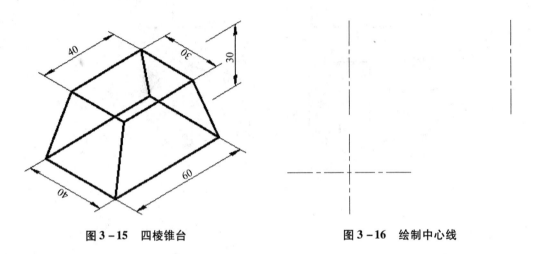

图 3 – 15 四棱锥台   图 3 – 16 绘制中心线

(2)将粗实线图层设置为当前层,用偏移、修剪命令画底面的俯视图、主视图和左视图,如图 3 – 17 所示。

(3)用偏移、修剪命令绘制反映顶面实形的俯视图,再根据四棱锥台高度确定顶面在主视图和左视图的位置,如图 3 – 18 所示。

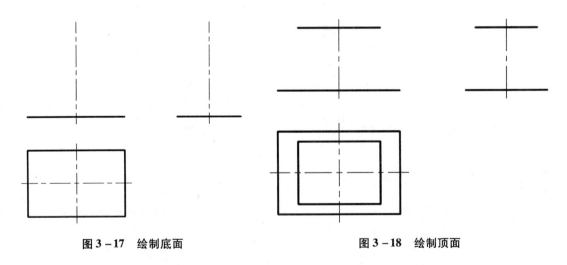

图 3 – 17 绘制底面   图 3 – 18 绘制顶面

(4)用粗实线图层将顶面各顶点与底面相应的顶点连线,并整理图形,如图 3 – 19 所示。

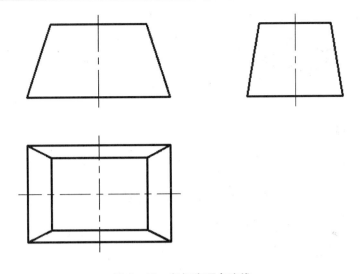

图 3－19　各相应顶点连线

任务二　组合体的视图

任务目标

（1）掌握用形体分析法分析组合体。
（2）掌握组合体三视图画法。

基本概念

组合体就是"几何化"了的机件，是将工程中的实际零件看作是由一些基本几何体按照一定的要求组合而成，这种由若干个基本几何体所构成的物体称为组合体。

一、组合体的组合形式及表面连接关系

画图与看图是本课程的两个主要任务。而这两个任务的解决都需要对组合体进行形体分析，了解组合体是由哪些基本体组成的，它们的相对位置和组合形式以及表面间的连接关系是怎样的，只有对组合体的形体特点有个总的概念，才能为画图与看图做好准备。

1. 组合体的组合形式

组合体有三种组合形式：形体叠加型、形体切割型及形体叠加与切割混合型，如表3－2所示。

表3－2　形体的组合形式举例

形体	组合形式	
	叠加	切割
	I + II	I - II
	I + II	(I + II) - III

续表

形体	组合形式	
	叠加	切割
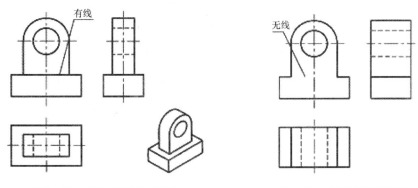	1/2(Ⅰ)+2(Ⅲ)+Ⅱ+Ⅳ	Ⅰ-Ⅴ-Ⅳ

注："＋"表示叠加，"－"表示切割。

（1）形体叠加型。组合体由两个或两个以上的基本形体叠加而成，也可看作实形体与实形体的组合。

（2）形体切割型。组合体由基本形体经切割或挖孔、槽而成。可看作从实形体中挖去一个实形体，被切形体成为不完整的基本几何形体。

（3）形体叠加与切割的混合型。在实际情况中，单纯的叠加或切割类形体还是比较少的，多数机件的形状是以叠加与切割的综合形式出现的。

2. 组合体各形体之间的表面连接关系

（1）相贴。相贴是指两个基本的几何体以平面的方式相互接触。

1）两表面间不平齐。两表面间不平齐的连接处应该有线隔开，如图 3-20 所示。

2）两表面间平齐。两表面间平齐的连接处不应有线隔开，如图 3-21 所示。

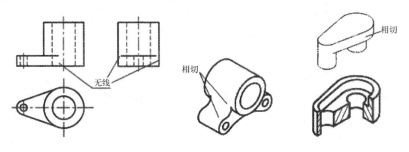

图 3-20　形体间表面不平齐　　　　图 3-21　形体间表面平齐

（2）相切。相切是指两基本几何体表面光滑过渡，当曲面与曲面或曲面与平面相切时，在相切处不存在交线，如图 3-22 所示。

图 3-22　形体间表面相切

（3）相交。相交是指两基本几何体表面彼此相交。相交处应画出交线，如图 3 – 23 所示。

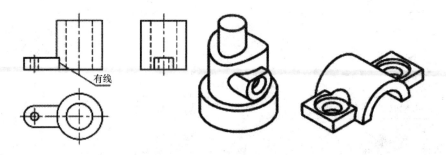

图 3 – 23　形体间的表面相交

二、看组合体的方法

1. 读组合体视图时的注意事项

（1）三个视图联系起来读图。一般来说，一个视图不能完全确定物体的形状，必须将几个视图联系起来分析、构思，才能想象出物体的形状。

如图 3 – 24（a）和（b）所示的主视图和左视图是一样的，但它们的俯视图不相同，所以表达的物体形状也不相同。

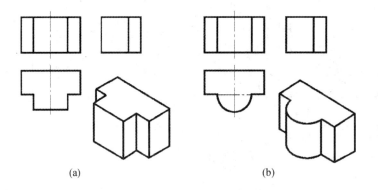

(a)　　　　　　　　　　　　　　　　(b)

图 3 – 24　几个视图联系起来想象物体的形状

（2）善于抓住反映特征的视图。读图时，要先从反映形状特征和位置特征较明显的视图看起，再与其他视图联系起来，形体的形状才能识别出来。

如图 3 – 25（a）所示，左视图是反映形体上 Ⅰ 与 Ⅱ 两部分位置关系最明显的视图，将主视图、左视图两个视图联系起来看，就可唯一判定是图 3 – 25（c）所示的形状。

（3）明确视图中线框和图线的含义。

1）当相连两线框表示两个不同位置的表面时，其两线框的分界线可以表示具有积聚性的第三表面积聚成的线或两表面的交线（见图 3 – 26）。

2）框里有另一线框时，可以表示凸起或凹进的表面，如图 3 – 27（a）、（b）所示；也可表示具有积聚性的圆柱通孔的内表面积聚，如图 3 – 27（c）所示。

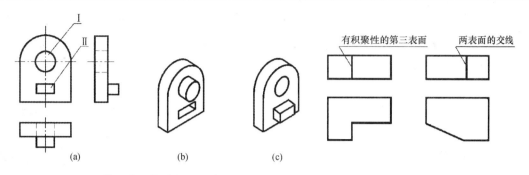

图 3－25 从反映形体特征明显的视图看起

图 3－26 表面间的相对
位置分析（一）

3）框边上有开口线框和闭口线框时，分别表示通槽，如图 3－28（a）所示；不通槽，如图 3－28（b）所示。

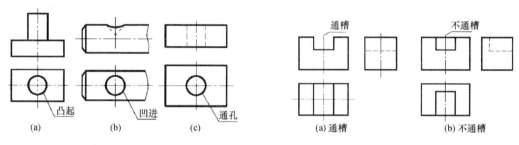

图 3－27 表面间的相对位置分析（二）

图 3－28 表面间的相对位置分析（三）

2. 读图的基本方法

（1）形体分析法。运用形体分析法识读组合体视图的方法与步骤：

1）分线框对投影。从主视图入手，将主视图划分成四个线框，在俯视图和左视图上把每个线框对应的投影找出来，如图 3－29（a）所示。

2）识形体定位置。根据每一部分的三视图，逐个想象出各部分的形状和位置，如图 3－29（b）~（d）所示。

3）综合起来想整体。每个部分的形状和位置确定后，整个组合体的形状也就确定了，如图 3－29（e）所示。

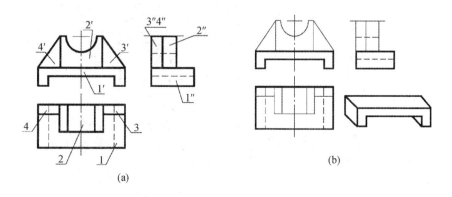

图 3－29 用形体分析法读图的方法步骤

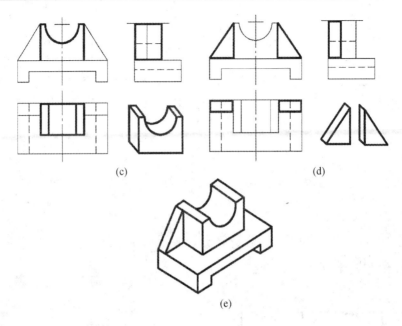

(c)   (d)

(e)

图 3 - 29   用形体分析法读图的方法步骤（续）

（2）线面分析法。运用投影规律把物体的表面分解为线、面等几何要素，通过分析这些要素的空间形状和位置，来想象物体各表面形状和相对位置，从而想象出组合体的形状。

1）抓住线段对应投影。抓住线段是指抓住平面投影成积聚性的线段，按投影对应关系，找出其他两投影面上的投影，从而判断出该截切面的形状和位置。

如图 3 - 30（a）所示，线框 Ⅰ （1、1′、1″）在三视图中是"一框对两线"，其中"框"在正面，故表示正平面；线框 Ⅱ （2、2′、2″）在三视图中是"两框对一线"，其中"线"倾斜在正面，故表示正垂面；线框 Ⅲ （3、3′、3″）在三视图中是"一框对两线"，其中"框"在侧面，故表示侧平面；线框 Ⅳ （4、4′、4″）在三视图中是"两框对一线"，其中"线"倾斜在侧面，故表示侧垂面。

2）综合起来想整体。切割体往往是由基本几何体经切割形成的，在想象整体的形状时，应以基本几何体的原形为基础，再将各个表面的结构形状和空间位置进行组装，综合想象出整体的形状，如图 3 - 30（b）所示。

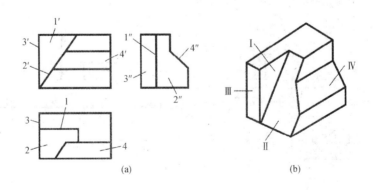

(a)   (b)

图 3 - 30   用线面分析法读图的方法步骤

（3）由两个视图补画第三视图。现以图3－31（a）所示的主、俯视图为例，说明补画左视图的方法与步骤。

1）看懂主、俯视图，想象其整体形状。采用形体分析法，将主视图分为三个线框，对照俯视图找出其对应的投影。

分别想象出各部分和整体的形状，如图3－31（b）所示。

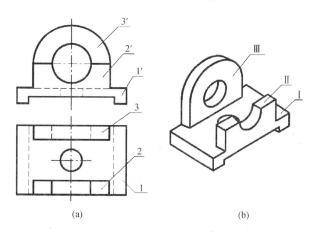

（a）　　　　　　　　　　　　（b）

图3－31　补画左视图

2）在看懂主、俯视图的基础上补画左视图，补画左视图的过程如图3－32（b）~（d）所示。

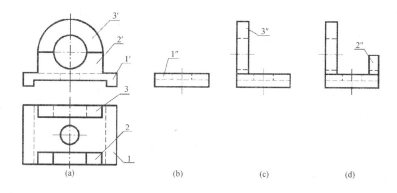

（a）　　　　（b）　　　　（c）　　　　（d）

图3－32　补画左视图的步骤

三、补视图

补视图是根据给出的两个视图，想象立体的形状，补画出所缺的视图。一般的步骤是：先根据所给的两视图确定形体的空间形状；再根据形体的构成形式和表面连接关系，利用画图方法，补画第三视图。补视图要严格按照制图的"三等"规律画出第三投影。

1. 补画俯视图

补画如图3－33所示的俯视图。

步骤如下：

（1）复制左视图。为满足"三等"规律中"长对正、宽相等"的条件，方便作图，可先将左视图由位置A复制到位置B，注意点B应在点O的正下方，如图3－34（a）示。

命令：Copy ✓（复制）

选择对象：（选择左视图）找到6个

选择对象：✓

指定基点或位移，或者〔重复（M）〕：（捕捉点A）

指定位移的第二点：（捕捉点B）

命令：

（2）旋转左视图。将所复制的视图以点B为基点，旋转－90°，如图3－34（b）所示。

命令：ROTOTE ✓（旋转）

UCS 当前的正角方向：ANGDIR ＝逆时 ANGBASE ＝0

选择对象：✓

指定基点：（捕捉点B）指定旋转角度或〔参照（R）〕：－90 ✓

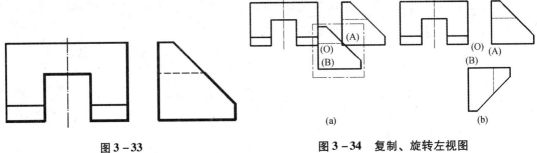

图3－33　　　　　　　图3－34　复制、旋转左视图

（3）画出线段1、2，如图3－35（a）所示。

命令：Line ✓

指定第一点：（画出线段1）

指定下一点或〔放弃（U）〕：

指定下一点或〔放弃（U）〕：

命令 Line ✓

指定第一点：（画出线段2）

指定下一点或〔放弃（U）〕：

指定下一点或〔放弃（U）〕：

（4）延伸水平线段4、5，竖直线段6，如图3－35（b）所示。

命令：Exteba ✓

当前设置：投影＝UCS，边＝无

选择边界的边……

选择对象：（选择线段1）找到1个

选择对象：✓

选择要延伸的对象，按住 Shift 键选择要修剪的对象，或〔投影（P）／边（E）／放弃（U）〕：（选择线段4）

选择要延伸的对象，按住 Shift 键选择要修剪的对象，或〔投影（P）／边（E）／放弃

(U)]：(选择线段5)

选择要延伸的对象，按住 Shift 键选择要修剪的对象，或〔投影（P）/边（E）/放弃（U）]：↙

命令：Exiend ↙

当前设置：投影＝UCS 边＝无选择

边界的边……

选择对象：(选择线段5) 找到1个

选择对象：↙

选择要延伸的对象，按住 Shift 键选择要修剪的对象，或〔投影（P）/边（E）/放弃（U）]：(选择线段6)

选择要延伸的对象，按住 Shift 键选择要修剪的对象，或〔投影（P）/边（E）/放弃（U）]：↙

（5）画出线段9（确定虚线部分的宽度），延伸竖直线段7、8，如图3-36所示。

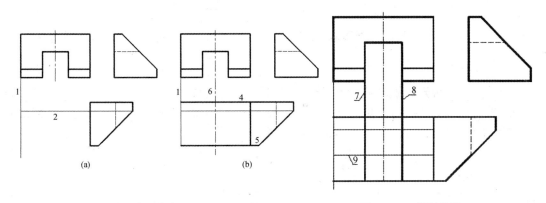

图3-35 绘制线段1、2、4、5、6 　　　图3-36 绘制线段7、8、9

（6）修剪线段。

命令：Trim ↙

当前设置：投影＝UCS，边＝无

选择剪切边……

选择对象：(选择线段4) 找到1个

选择对象：(选择线段11) 找到1个，总计2个

选择对象：(选择线段12) 找到1个，总计3个

选择对象：↙

如图3-37（a）所示。

选择要延伸的对象，按住 Shift 键选择要修剪的对象，或〔投影（P）/边（E）/放弃（U）]：(选择线段7)

选择要延伸的对象，按住 Shift 键选择要修剪的对象，或〔投影（P）/边（E）/放弃（U）]：(选择线段8)

选择要延伸的对象，按住 Shift 键选择要修剪的对象，或〔投影（P）/边（E）/放弃（U）]：(选择线段1)

选择要延伸的对象，按住 Shift 键选择要修剪的对象，或 ［投影（P）/边（E）/放弃（U）］： ✓

如图 3 - 37（b）所示。

（7）用修剪、拉伸、打断、删除、修改线段特性等命令完成全图（注意图层的变化），如图 3 - 38 所示。

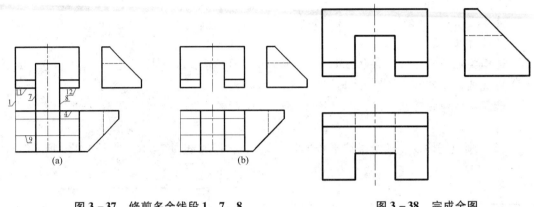

图 3 - 37　修剪多余线段 1、7、8　　　　　　　图 3 - 38　完成全图

2. 补画左视图

由图 3 - 39 可知，给出了主视图和俯视图两个视图，需要补画出左视图。利用机械制图的知识进行线分析，可以想象到这块压板是一个长方体左端被三个平面切割，底部被前后对称的两组平面切割。如图 3 - 40 所示。

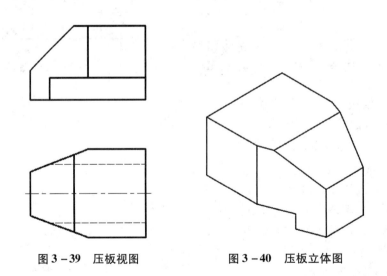

图 3 - 39　压板视图　　　　　　图 3 - 40　压板立体图

分析完成后便可以作图，作图步骤如下：

（1）复制俯视图。为满足"三等"规律中"长对正、宽相等"的条件，方便作图，可先将俯视图由位置 A 复制到位置 B，如图 3 - 41 所示。

命令：Copy ✓ （复制）

选择对象：（选择左视图）找到 6 个

选择对象： ✓

指定基点或位移，或者［重复（M）］：（捕捉点 A）

指定位移的第二点：（捕捉点 B）

（2）旋转俯视图。再将所复制的视图以点 C 为基点，旋转 90°，如图 3－42 所示。

命令：Rotote ↙（旋转）

UCS 当前的正角方向：ANGDIR = 逆时 ANGBASE = 0

选择对象：↙

指定基点：（捕捉点 C）

指定旋转角度或［参照（R）］：90 ↙

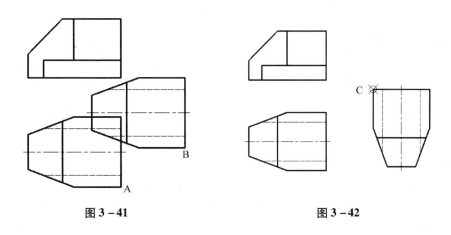

图 3－41   图 3－42

（3）利用直线命令、对象追踪和正交等作出压板未切割前长方体的左视图，如图 3－43 所示。

（4）利用直线命令、对象追踪和正交等作出压板左面三个面的左投影，如图 3－44 所示。

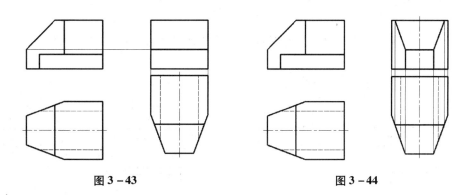

图 3－43   图 3－44

（5）利用直线命令、对象追踪和正交等作出压板下面两个槽的左投影，如图 3－45 所示。

（6）用修剪、拉伸、打断、删除、修改线段特性等命令完成全图（注意图层的变化），如图 3－46 所示。

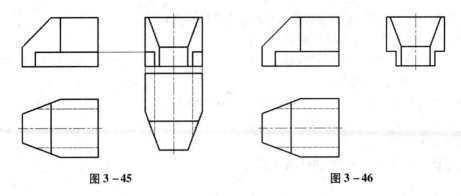

图 3 - 45   图 3 - 46

3. 补画主视图

根据图 3 - 47 给出的左视图和俯视图补画出主视图，由给出的两个视图可知这是一个轴承座，再利用《机械制图》中组合体的形体分析法，可将轴承座分解成上下两部分结构。

（1）利用直线命令、正交、对象追踪等画出底座的主视图。如图 3 - 48 所示。

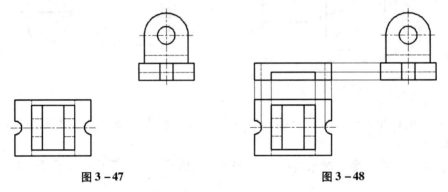

图 3 - 47   图 3 - 48

（2）用修剪、打断、删除、修改线段特性等命令完成底座的主视图，如图 3 - 49 所示。

（3）利用直线命令、正交、对象追踪等画出支座的主视图。如图 3 - 50 所示。

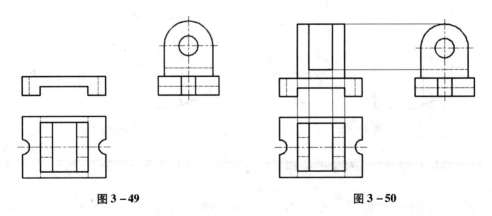

图 3 - 49   图 3 - 50

（4）利用直线命令、正交、对象追踪等画出孔的主视图。如图 3 - 51 所示。

（5）用修剪、拉伸、打断、删除、修改线段特性等命令完成全图（注意图层的变化），如图 3 - 52 所示。

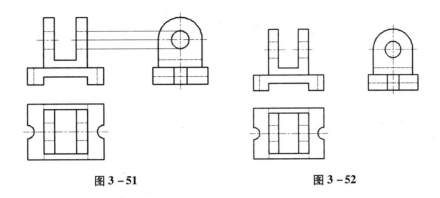

图 3 – 51　　　　　　　　　　图 3 – 52

上机练习

（1）抄画下列视图，并补画第三视图。

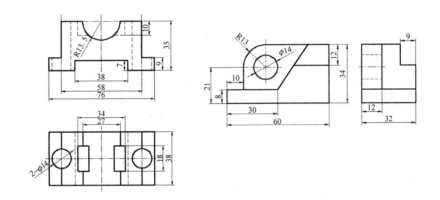

（2）根据轴测图画三视图，并标注尺寸。

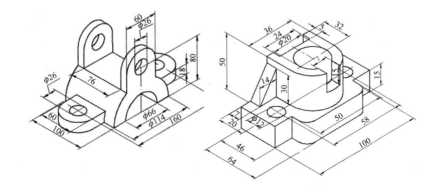

上机练习考核表

序号	主要内容	考核摘要	评分标准	配分	扣分	得分
1	补画视图	(1) 能正确设置图形所需的图层 (2) 能正确抄画视图 (3) 能正确补画第三视图，且标注尺寸	(1) 图层设置不正确扣 5 分 (2) 视图抄画不正确每错一处扣 3 分 (3) 补画视图不正确每错一处扣 3 分 (4) 尺寸标注不合理每处扣 2 分	20 （每题10 分）		
2	画三视图及标注尺寸	(1) 能正确设置标注样式 (2) 能正确设置所需的图层 (3) 能正确绘制三视图 (4) 能正确标注尺寸	(1) 图层设置不正确扣 5 分 (2) 标注样式设置不正确每处扣 3 分 (3) 尺寸标注不正确每错一处扣 3 分 (4) 三视图绘制不正确每错一处扣 3 分	50 （每题25 分）		
3	其他	(1) 能正确设置中心线性比例 (2) 中心线不宜过长 (3) 尺寸与尺寸不要相交 (4) 图形整体漂亮、整齐	不合理每处扣 2 分	10		
4	安全操作	符合上机实训操作要求	违反安全文明操作规程，扣 5 ~ 20 分	20		
备注			共计			
			教师签字	年 月 日		

剖视图及其画法

任务 *剖视图*

 任务目标

（1）掌握剖视图的概念、形成、种类及画法。
（2）了解剖视图相关知识。
（3）能熟练地对剖视图进行标注。

 基本概念

一、剖视图的基本概念

在用视图表达机件时，其内部结构都用虚线来表示，内部结构形状越复杂，视图中就会出现许多虚线，这样会影响图面清晰，不便于看图和标注尺寸，如图 4 - 1 所示。为此，表达机件的内部结构，常采用剖视的方法。

1. 剖视图的形成

假想用剖切面剖开机件，将处在观察者和剖切面之间的部分移去，而将其余部分全部向投影面投影所得的图形称剖视图，并在剖面区域内画上剖面符号，如图 4 - 2 所示。

2. 剖视图的画法

剖视图的画法如图 4 - 3 所示。

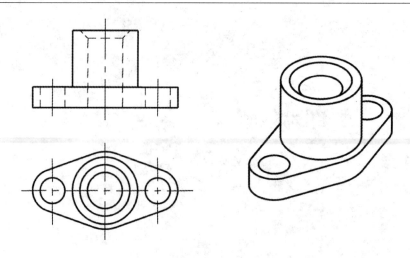

图4-1　机件的轴测图和视图

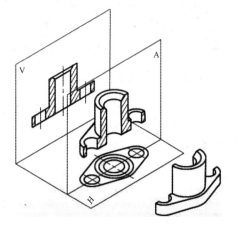

图4-2　作剖视的过程

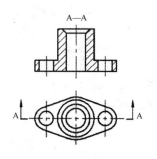

图4-3　剖视图的画法

（1）确定剖切方法及剖面位置——选择最合适的剖切位置，以便充分表达机件的内部结构形状，剖切面一般应通过机件上孔的轴线、槽的对称面等结构。

（2）画出剖视图——应把断面及剖切面后方的可见轮廓线用粗实线画出。

（3）画剖面符号——为了分清机件的实体部分和空心部分，在被剖切到的实体部分上应画剖面符号。

3. 画剖视图应注意的问题

（1）剖切平面一般选投影面平行面，且剖切平面一般应通过机件的对称面或孔的轴线。

（2）剖视图是假想切开机件画出的，所以，其他视图必须按原来整体形状画出。

（3）剖视图中的剖面线，最好用与主要轮廓线或对称线成45°角的互相平行的细实线绘制。同一机件的剖面线方向要相同，间隔要相等。

（4）剖面符号。不同的材料有不同的剖面符号，有关剖面符号的规定如表4-1所示。在绘制机械图样时，使用最多的是金属材料的剖面符号。

表 4 -1　剖面符号

金属材料 （已有规定剖面符号除外）		胶合板（不分层数）	
线圈绕组元件		基础周围的混土	
转子、电枢、变压器和 电抗器等的迭钢片		混凝土	
非金属材料 （已有规定剖面符号除外）		钢筋混凝土	
型砂、填砂、粉末冶金、砂轮、 陶瓷刀片、硬质合金刀片等		砖	
玻璃及供观察用的其他透明材料		格网	
木材	纵剖面	液体	
	横剖面		

二、全剖视图的画法

1. 全剖视图的形成

用剖切平面（一个或几个）完全地剖开机件所得的剖视图称为全剖视图，全剖视图适用于机件外形比较简单，而内部结构比较复杂，图形又不对称时。

2. 剖切位置与剖视图名称的标注方法

剖视图应进行标注，具体要求如下：

（1）用粗短画线（宽 1.5B、长 5 ~ 10mm）和箭头表示剖切平面位置和投影方向。在箭头附近标注字母，如图 4 - 4 所示，俯视图中的 A—A，表示剖切位置的粗短画线不要与图形的轮廓线相交，箭头标注在粗短画线两端。

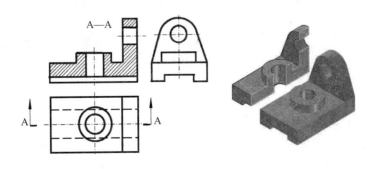

图 4 - 4　机件的全剖视图

（2）在剖视图的上方标注出剖视图的名称。如图4－4中的A—A。如图在同一张图纸上同时有几个剖视图，则其名称应按字母顺序排列，不得重复。

若遇下列情况，剖视图的标注可以简化和省略。

1）当剖视图按基本视图位置配置，中间又没有其他图形隔开，投影方向已经明确时，允许省略箭头，所以图4－4中的箭头实际上可以省略。

2）当剖视图按基本视图位置配置，中间又没有其他图形隔开，且剖切平面与机件的对称平面重合时，可以省略标注。

3. 全剖视图例题

将图4－5给出的三视图中的主视图改为全剖视图。

由图4－5所示的视图，可知其表达的物体形状主要由长方体与圆柱体叠加并钻孔而成，其将主视图改为全剖视图的方法如下：

（1）删除线段1（若不能删除也可用修剪命令），将主视图中的虚线改为粗实线，如图4－6所示。

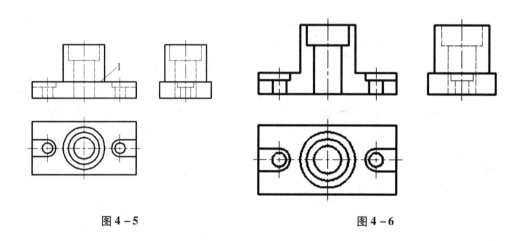

图4－5   图4－6

（2）用"图案填充"（Bhatch）命令绘制主视图上的剖面线。

命令：Bhatch ↙（图案填充）

打开【图案填充和渐变色】对话框，单击【图案填充】页面，将对话框中的"类型"设置为"预定义"，"图案"设置为"ANSI31"，"角度"设置为"0"，"比例"设置为"1"。在"边界"中单击"添加：拾取点"。如图4－7所示。

用鼠标点选1、2、3、4处，如图4－8所示。点选完成后，按"确定"按钮返回到【图案填充和渐变色】对话框中，单击"确定"按钮，得到全剖主视图如图4－9所示。由于此图符合省略标注的规定，所以可省略标注。

三、半剖视图的画法

1. 半剖视图的形成

当机件具有对称平面时，在垂直于对称平面的投影面上投影所得的图形，以对称中心线为界，一半画成剖视，另一半画成视图，如图4－10所示。

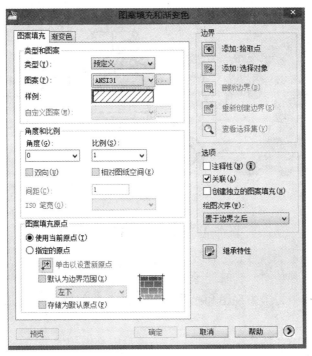

图 4-7 图案填充对话框

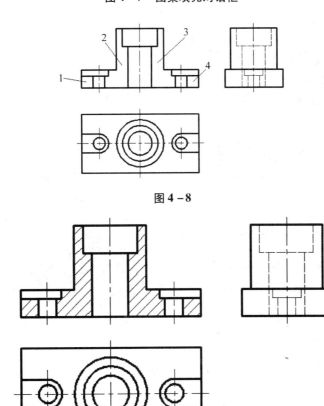

图 4-8

图 4-9

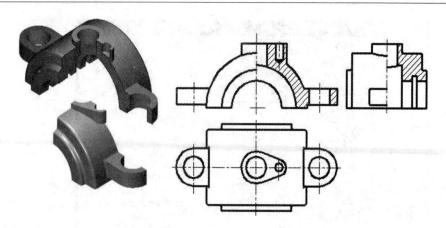

图 4 – 10 机件的半剖视图形成

2. 剖切位置与剖视图名称的标注方法

（1）在半剖视图中，半个视图和半个剖视图的分界线规定以点画线画出，不得画成粗实线。

（2）在半剖视图中，画成视图的那一半，表示内部结构的虚线一半可以省略不画。

（3）若机件的结构形状接近于对称，且不对称的部分已在其他图形中表达清楚，也可以采用半剖视图。

（4）对于外形简单的对称机件，特别是回转体的机件，为了使图形清晰和便于标注尺寸，一般常画成全剖视图。

（5）半剖视图的标注方法与全剖视图相同。如图 4 – 11 所示，主视图半剖的剖切位置在对称面上，所以省略标注。俯视图半剖的剖切位置则需要标注，如 A—A。

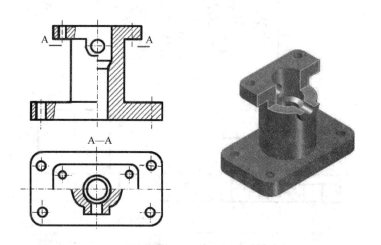

图 4 – 11 半剖视的标注

3. 半剖视图例题

将图 4 – 12 给出的三视图中的主视图改为半剖视图。

由图 4 – 12 所示的视图可知，其表达的物体形状主要由异形板与圆柱叠加并钻孔而成，其将主视图改为半剖视图的方法如下：

（1）删除主视图中对称中心线左侧的所有虚线，删除主视图对称中心线右侧的粗实线（若不能删除也可用修剪命令），将主视图中对称中心线右侧的虚线改为粗实线，如图4-13所示。

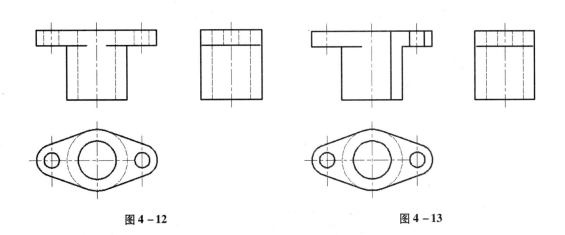

图4-12　　　　　　　　　　　　　　　　图4-13

（2）用"图案填充"（Bhatch）命令绘制主视图上的剖面线。

命令：Bhatch ↙（图案填充）

打开【图案填充和渐变色】对话框，单击【图案填充】页面，将对话框中的"类型"设置为"预定义"，"图案"设置为"ANSI31"，"角度"设置为"0"，"比例"设置为"1"。在"边界"中单击"添加：选择对象"（注：也可使用"添加：拾取点"，但在使用"添加：选择对象"时的边界线段要单独存在）。如图4-14、图4-15（a）、（b）所示。

图4-14　图案填充对话框

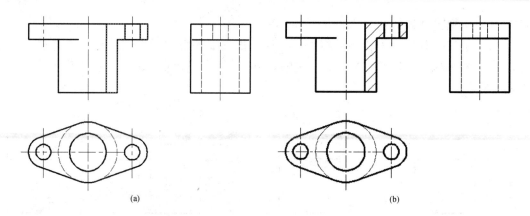

图 4 – 15

（3）标注剖切符号（也可省略），如图 4 – 16 所示。

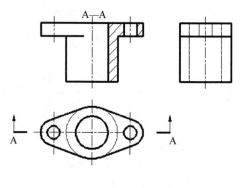

图 4 – 16

四、局部剖视图的画法

1. 局部视图形成

当机件尚有部分内部结构形状未表达清楚，但又没有必要作全剖视或不适合作半剖视时，可假想用剖切平面局部地展开机件，所得的剖视图称为局部剖视图。如图 4 – 17 所示机件，机件不对称，不宜用半剖表达。而机件的内腔、孔眼等结构又不宜采用全剖视图，这时可采用局部剖视图表达。局部剖切后，机件断裂处的轮廓线用波浪线表示。

2. 局部剖视图的画法

局部剖视与视图应以波浪线为界，波浪线不可与图形轮廓线重合；波浪线不应画在通孔、通槽内或画在轮廓线外，因为这些地方没有断裂痕迹。局部剖视图上的波浪线既可以用"样条曲线"来画，也可以先用绘图软件的多段线来画，然后用编辑多段线来拟合折线为曲线。下面介绍第二种画法。

（1）用多段线（PLINE）命令画折线。多段线命令的调用：

方法1：工具栏图标。

方法2：卜拉菜单：绘图（D）——多段线（P）。

方法 3：命令：Pline ↙

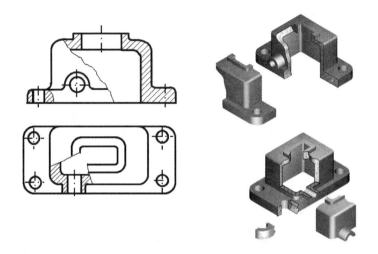

图 4 – 17　机件的局部剖视图

命令提示：

指定起点：(捕捉直线 MN 上最近点 A)

指定下一点或 [圆弧 (A) /闭合 (C) /半宽 (H) /长度 (L) /放弃 (U) /宽度 (W)]：(用鼠标定点 B)

指定下一点或 [圆弧 (A) /闭合 (C) /半宽 (H) /长度 (L) /放弃 (U) /宽度 (W)]：(用鼠标定点 B)

指定下一点或 [圆弧 (A) /闭合 (C) /半宽 (H) /长度 (L) /放弃 (U) /宽度 (W)]：(用鼠标定点 C)

指定下一点或 [圆弧 (A) /闭合 (C) /半宽 (H) /长度 (L) /放弃 (U) /宽度 (W)]：(用鼠标定点 D)

指定下一点或 [圆弧 (A) /闭合 (C) /半宽 (H) /长度 (L) /放弃 (U) /宽度 (W)]：(用鼠标定点 E)

指定下一点或 [圆弧 (A) /闭合 (C) /半宽 (H) /长度 (L) /放弃 (U) /宽度 (W)]：(用鼠标定点 F)

指定下一点或 [圆弧 (A) /闭合 (C) /半宽 (H) /长度 (L) /放弃 (U) /宽度 (W)]：(用鼠标定点 G)

指定下一点或 [圆弧 (A) /闭合 (C) /半宽 (H) /长度 (L) /放弃 (U) /宽度 (W)]：(用鼠标定点 H)

指定下一点或 [圆弧 (A) /闭合 (C) /半宽 (H) /长度 (L) /放弃 (U) /宽度 (W)]：(用鼠标定点 I)

指定下一点或 [圆弧 (A) /闭合 (C) /半宽 (H) /长度 (L) /放弃 (U) /宽度 (W)]：↙ (结束命令)

结果如图 4 – 18 所示。

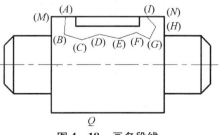

图 4 – 18　画多段线

（2）用编辑多段线（Pedit）命令将拟合折线为曲线。编辑多段线命令的调用：

方法1：工具栏图标

方法2：下拉菜单：修改（M）——多段线

方法3：命令：Pedit ↙

命令提示：

选择多段线：（选择多段线 ABCDEFGHI）

输入选项：［闭合（C）/合并（J）/宽度（W）/编辑顶点（E）/拟合（S）/非曲线化（D）/结型生成（L）/放弃（U）］：S↙（选取样条曲线拟合）

［闭合（C）/合并（J）/宽度（W）/编辑顶点（E）/拟合（S）/非曲线化（D）/结型生成（L）/放弃（U）］：↙（结束命令）

结果如图4-19所示。

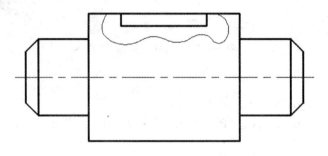

图4-19　编辑多段线

（3）用图案填充命令绘制剖面线。过程同全剖，结果如图4-20所示。

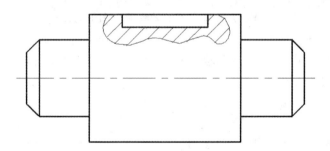

图4-20　用图案填充命令绘制剖面线

五、剖切平面的种类和剖切方法

画剖视图时，常要根据机件的不同形状和结构，选用不同的剖切平面和剖切方法。常见的剖切平面有：单一剖切平面、两相交剖切平面、几个互相平行的剖切平面组合的剖切平面、相对基本投影面倾斜的剖切平面等。用这些剖切平面剖开机件，便产生了相应的剖切方法。不论采用哪种剖切平面及其相应的剖切方法，一般都可以作出全剖视图、半剖视图或局部剖视图。

1. 单一剖切面及其剖视图

用单一剖切面剖开机件的方法称为单一剖。前面所述全剖视图、半剖视图与局部剖视图等，均为用一个平行于某一基本投影面的剖切平面剖开机件的方法所得的剖视图。

2. 两相交的剖切平面及旋转剖视图

用两相交的剖切平面（交线垂直于某一基本投影面）剖开机件的方法称为旋转剖视图。

在画剖视图时，为了使倾斜剖切平面处的结构在图上反映真形，便以两平面的交线作为轴线，假想将倾斜剖切平面剖开的结构及有关部分绕轴线旋转到与选定的投影面平行，再进行投影，如图4-21所示即为用旋转剖的方法画出的全剖视图。

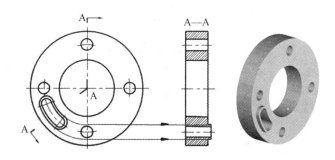

图4-21 端盖的主视图采用旋转剖视

画旋转剖视图时，在剖切平面后面的结构按原来位置投影画出，如图4-22所示的小油孔的两个投影。

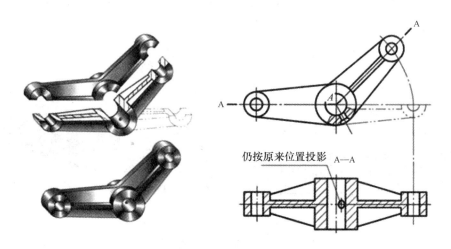

图4-22 剖切平面后部结构的投影

3. 互相平行的剖切平面及阶梯剖视图

如果机件的内部结构较多，又不处于同一平面内，并且被表达结构无明显的回转中心时，可用几个平行的剖切平面剖开机件，这种剖切方法称为阶梯剖，如图4-23所示。

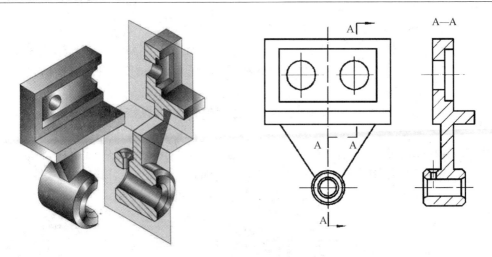

图 4-23 采用阶梯剖的全剖视图（一）

阶梯剖是由几个剖切平面剖切后得到的剖视图合并在一个图形上，因此，在采用阶梯剖时须注意：

（1）阶梯剖一定要标注，用剖切符号表示出剖切平面的起点、终点和转折位置、字母以及投影方向（当转折处的地位有限又不会引起误解时，允许省略转折处字母），在剖视图上方注出剖视图名称。如图 4-24（a）所示。

（2）剖切平面的转折处不应与视图中的轮廓线重合，并尽量避免相交，如图 4-24（b）所示。

（3）在剖视图中，两个剖切平面转折处的投影不应画出，如图 4-24（b）所示。

（4）在确定剖切平面时，应避免出现不完整的结构要素，如图 4-24（c）选择将出现不完整要素。

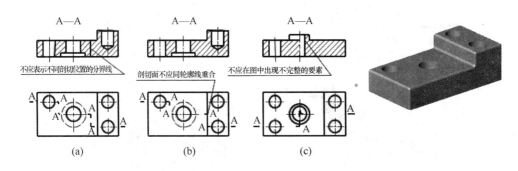

图 4-24 采用阶梯剖的全剖视图（二）

4. 组合的剖切平面及复合剖视图

除旋转剖、阶梯剖以外，用组合的剖切平面剖开机件的方法得到的剖视图称为复合剖视图，如 4-25 所示。

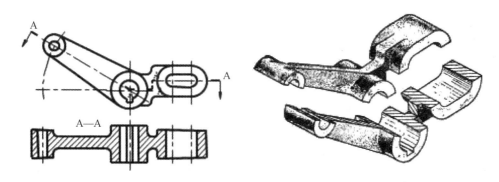

图 4 – 25　采用复合剖的全剖视图

5. 垂直于一个基本投影面的剖切平面及斜剖视图

　　用不平行于任何基本投影面的剖切平面剖开机件的剖切方法称为斜剖，如图 4 – 26 所示。

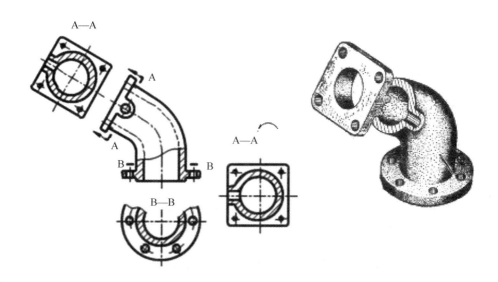

图 4 – 26　机件的斜剖视图

　　斜剖视图一般应画在箭头所指的方向，并保持投影关系，在不致引起误解时，允许将倾斜图形旋转，但应在图形上方加注旋转符号。

六、剖视图中肋板和轮辐的画法

　　对于机件上的肋板、轮辐及薄壁等，若按纵向剖切则这些结构都不画剖面符号，而用粗实线将其与相邻部分分开。但当剖切平面横向切断这些结构时，仍应画出剖面符号。

　　如图 4 – 27 所示轴承架，当左视图全剖时，剖切平面通过中间肋板的纵向对称平面，所以在肋板的范围内不画剖面符号。肋板与上部的圆筒、后部的支撑板、下部的底板之间的分解处均用粗实线绘出，如图 4 – 27 所示的左视图。

　　图 4 – 27 中的 B—B 剖视图，因为剖切平面垂直于肋板后支撑板（即横向剖切），所以仍要画出剖面符号。

当回转体上均匀分布的肋、孔及轮辐等结构不处于剖切位置时，可将这些结构旋转到剖切平面后画出其剖视图，如图 4 – 28 所示。

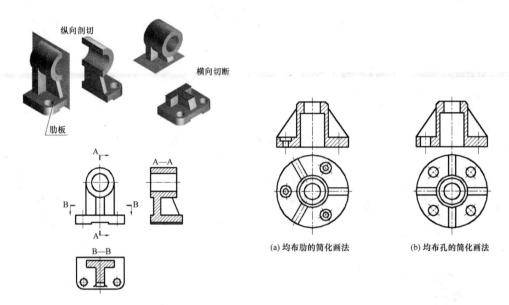

图 4 – 27　剖视图中肋板的
　　　　　　画法示例

图 4 – 28　剖视图中均匀分布的肋、
　　　　　　孔的简化画法

上机练习

（1）抄画下图，在并将其主视图改为全剖视图。

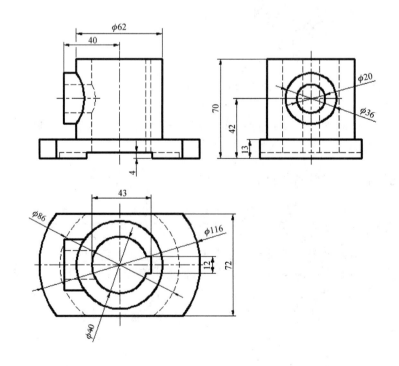

（2）抄画下图，将主视图改为半剖视图。

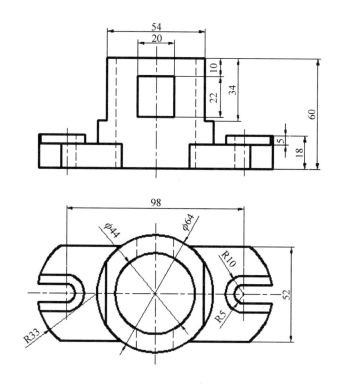

（3）抄画下图，将主视图改为阶梯剖视图，并画出剖切位置及符号。

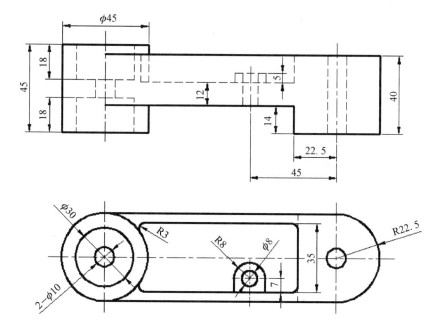

（4）抄画下图，将主视图底板孔改画成局部剖视图，左视图改为全剖视图及支承板，用重合断面图表达。

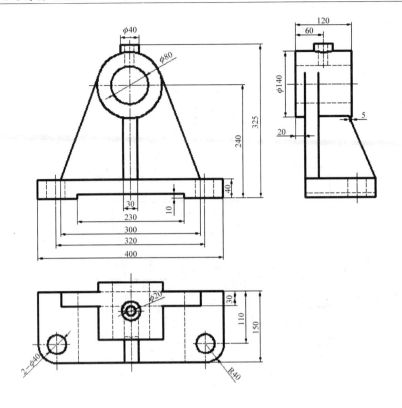

上机练习考核表

序号	主要内容	考核摘要	评分标准	配分	扣分	得分
1	主视图改全剖视图	(1) 能正确设置图形所需的图层 (2) 能正确抄画视图 (3) 能正确将主视图改画为全剖视图	(1) 图层设置不正确扣5分 (2) 视图抄画不正确每错一处扣3分 (3) 改画全剖视图不正确每错一处扣3分	15		
2	主视图改半剖视图	(1) 能正确设置图形所需的图层 (2) 能正确抄画视图 (3) 能正确将主视图改画为半剖视图	(1) 图层设置不正确扣5分 (2) 视图抄画不正确每错一处扣3分 (3) 改画半剖视图不正确每错一处扣3分	15		
3	主视图改阶梯剖及剖切位置和符号的绘制	(1) 能正确设置图形所需的图层 (2) 能正确抄画视图 (3) 能正确将主视图改画阶梯剖视图 (4) 能正确画出剖切位置及符号	(1) 图层设置不正确扣5分 (2) 视图抄画不正确每错一处扣3分 (3) 改画阶梯剖视图不正确每错一处扣3分 (4) 绘制剖切位置及符号每错一处扣1分	15		

续表

序号	主要内容	考核摘要	评分标准	配分	扣分	得分
4	主视图底板改画局部剖、左视图改全剖，加强筋作断面图	（1）能正确设置图形所需的图层 （2）能正确抄画视图 （3）能正确改画局部剖视图、全剖、断面图	（1）图层设置不正确扣5分 （2）视图抄画不正确每错一处扣3分 （3）改画局剖视图、全剖视图、断面图不正确每错一处扣3分	25		
5	其他	（1）能正确设置中心线性比例 （2）中心线不宜过长 （3）尺寸与尺寸不要相交 （4）图形整体漂亮、整齐	不合理每处扣2分	10		
6	安全操作	符合上机实训操作要求	违反安全文明操作规程，扣5～20分	20		
备注			共计			
			教师签字	年 月 日		

机械图样的绘制

任务目标

（1）熟悉零件图包含的内容及其要求。

（2）掌握零件结构的分析方法。

（3）掌握零件视图的选择。

基本概念

任何机器或部件都是由一定数量的零件所组成。用于表示零件结构、大小不一及技术要求的图样称为零件图。零件图是反映设计者的意图，是设计、生产部门组织设计、生产的重要技术文件。它表示机器或部件对零件的要求，是零件制造和检验的依据。

一、零件图的内容

为了满足生产需要，一张完整的零件图应包括下列基本内容，如图5-1所示。

1. 一组图形

用必要的视图、剖视图、断面图及其他规定画法，正确、完整、清晰地表达零件各部分的结构和内外形状。

2. 完整的尺寸

正确、完整、清晰、合理地标注零件制造、检验时所需要的全部尺寸。

3. 技术要求

用规定的代号、符号或文字说明零件在制造、检验和装配过程中应达到的各项技术要求。

4. 标题栏

说明零件的名称、材料、图号、比例以及图样的责任者签字等。

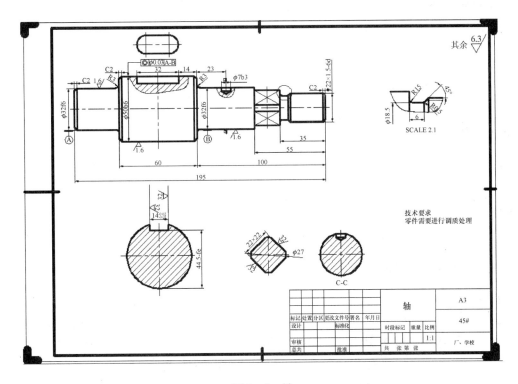

图 5-1　轴

二、零件的结构分析方法

在表达零件之前，必须先了解零件的结构形状，零件的结构形状是根据零件在机器中的作用和制造工艺上的要求确定的。

机器或部件有其确定的功能和性能指标，而零件是组成部件的基本单元，所以每个零件均有一定的作用，如具有支承、传动、连接、定位、密封等一项或几项功能。

机器或部件中各零件间按确定的方式连接起来，应结合可靠、装配方便。两零件的结合可能是相对固定，也可能是相对运动的；相邻零件某些部位要求相对靠紧，有些部位则必须留有间隙。在零件上往往有相应的结构。

零件的结构必须与设计要求相适应，且有利于加工和装配。由功能要求确定主体结构，由工艺要求确定局部结构。零件的外形和内形以及各相邻结构间都应是相互协调的。

零件结构分析的目的是为了更深刻地了解零件，使画出的零件图既表达完整、正确、清晰又符合生产的实际要求。

例：零件的结构分析示例。如图 5-2 所示。

分析：

（1）半圆孔Ⅰ：用于支撑下轴衬。

（2）半圆孔Ⅱ：减少接触面和加工面。

（3）凹槽Ⅰ：保证轴承盖与底座的正确位置。

（4）螺栓孔：用以穿入螺栓。

（5）部分圆柱：使螺栓孔壁厚均匀。

（6）圆锥台：保证轴衬沿半圆孔的轴向定位。

（7）倒角：保证下轴衬与半圆孔Ⅰ配合良好。

（8）底板：主要用来安装轴承。

（9）凹槽Ⅱ：为了保证安装面接触良好并减少加工面。

（10）凹槽Ⅲ：为容纳螺栓头部并防止其旋转。

（11）长圆孔：安装时放置螺栓，便于调整轴承位置。

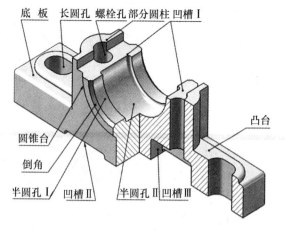

图 5 - 2

（12）凸台：起着减少加工面和加强底板连接强度的作用。

三、零件视图的选择

1. 确定零件位置

确定零件位置的原则是：①回转体（如轴类、盘类等）零件，主视图应选择加工位置。②非回转体零件（如箱体类、叉架类等加工位置多样的零件），主视图应选工作位置。③倾斜安装的零件，为便于画图、主视图应选放正的位置。

（1）工作位置。工作位置是零件在机器中的安装和工作时的位置。如图 5 - 3 所示。

（2）加工位置。加工位置是零件加工在机床上的装夹位置。如图 5 - 4 所示的轴零件，其主视图应选轴线水平位置。

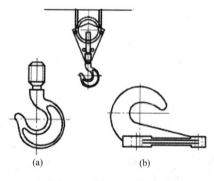

图 5 - 3　起重机吊钩

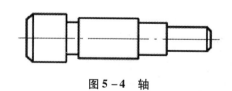

图 5 - 4　轴

（3）便于画图的位置。倾斜零件一般应选放正的位置为主视图。有些零件的工作位置是倾斜的，若选工作位置为主视图，则画图很不方便，如图 5 - 5 所示。

2. 确定零件的投射方向

如图 5 - 6 所示的柱塞泵体为工作位置，安装基准面为侧立面。沿 A 方向投射能较多地反映零件结构，所以选择 A 方向为主视图。

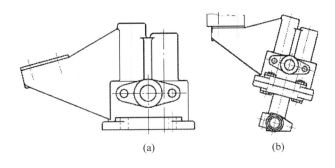

(a)　　　　　　　(b)

图 5 - 5　画图的位置

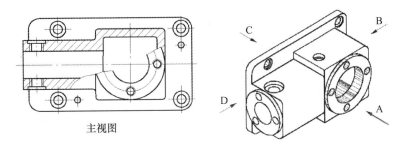

主视图

图 5 - 6　柱塞泵

选择最能反映零件形状特征的方向作为获得投影方向，即在主视图上尽可能多地展现零件内外结构性质及它们之间的相对位置关系。

3．视图数量

确定视图数量的基本原则是：灵活采用各种表达方法，在满足完整、正确、清晰地表达零件的前提下，使视图（图形）数量尽可能少。

（1）回转体类零件。回转体零件一般指轴、套、轮、盘等。如图 5 - 7 所示的轴零件，除主视图外，又采用了断面图、局部放大图、局部剖视图以表达键槽、销孔、退刀槽等局部结构。

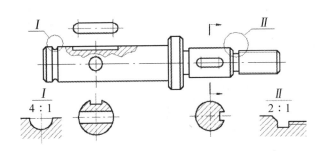

图 5 - 7　轴

（2）非回转体零件。非回转体零件一般指叉架、箱体等。如图 5 - 8 所示的拨叉零件，采用了主、俯两个基本视图表达主要形体，为表达内部形状，主视图画成全剖视图，此外还采用了"A—A"断面图、"B"向视图两个辅助图形表达其局部结构。

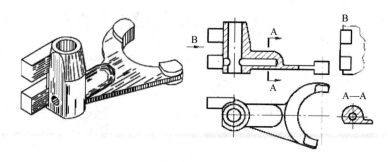

图 5-8　拨叉

4. 选择表达方案应考虑的几个问题

（1）一组图形间的关系。根据主要形体结构选择基本视图，而其局部结构形状则选辅助图形来表达。

（2）零件内为结构形状表达。内形较外形复杂时可用全剖视图；内外结构形状均需表达时，可用半剖视图或局部剖视图。

（3）集中与分散表达。主视图应重点表达主要形体或重点结构，适当地将局部结构分散到其他基本视图上或画成辅助图形表达。

（4）便于表达尺寸。选用的一组图形，应便于合理地标注尺寸和技术要求。

任务二 零件图的尺寸标注法

 ## 任务目标

（1）熟悉尺寸标注的原则及形式。

（2）熟悉常见结构的尺寸标注法。

（3）掌握零件图的尺寸标注。

 ## 基本概念

一、零件图标注的原则

在标注零件尺寸时，应分析零件各组成部分的结构形状以及零件在部件中的正确位置和零件与相邻零件的有关表面之间的关系，只有这样才能在分清尺寸的主次之后，正确地标注零件的尺寸。

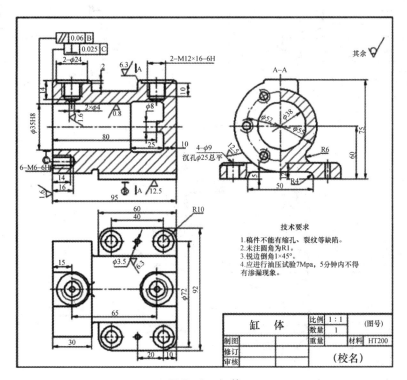

图 5 - 9 缸体

二、尺寸基准分类

1. 按尺寸基准几何形式分（见图 5-10）

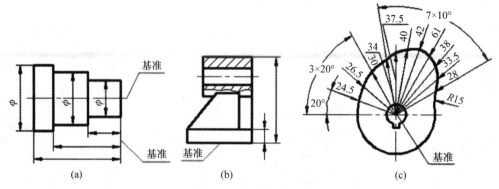

图 5-10　点、线、面基准

（1）点基准是以球心、定点等几何中心为尺寸基准。

（2）线基准是以轴和孔的回转轴线为尺寸基准。

（3）面基准是以主要加工面、端面、装配面、支承面、结构对称中心面等为尺寸基准。

2. 按尺寸基准性质分（见图 5-11、图 5-12）

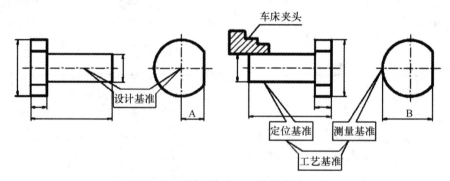

图 5-11　设计基准、工艺基准（一）

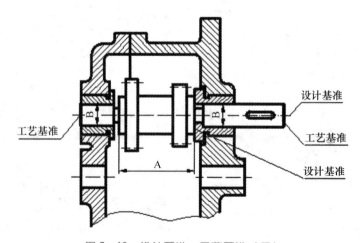

图 5-12　设计基准、工艺基准（二）

（1）设计基准是指在设计过程中，根据零件在机器中的位置、作用，为了保证其使用性能而确定的基准。

（2）工艺基准是指在加工过程中，为了方便零件的装夹定位和测量而确定的基准。

3. 按尺寸基准重要性分（见图 5 – 13）

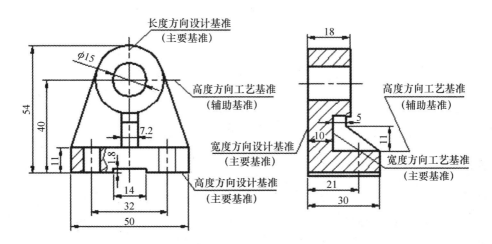

图 5 – 13　主要基准、辅助基准

（1）主要基准是指确定零件主要尺寸的基准。

（2）辅助基准是指为便于加工和测量而附加的基准。

三、尺寸标注的样式

以轴类零件为例：

1. 链式

轴向尺寸的标注，依次分段注写，无统一基准。如图 5 – 14 所示。

2. 坐标式

轴向尺寸的标注，以一边端面为基准。如图 5 – 15 所示。

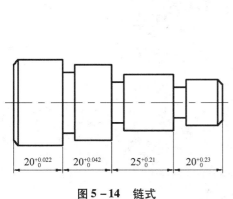

图 5 – 14　链式

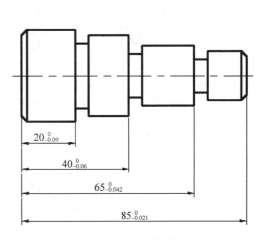

图 5 – 15　坐标式

3. 综合式

轴向尺寸的标注，采用链式和坐标式两种方法标注。如图 5 - 16 所示。

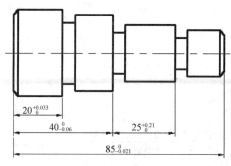

图 5 - 16　综合式

四、标注尺寸的要素

在 AutoCAD 中，一个完整的尺寸一般由四个要素组成：尺寸界线、尺寸线、尺寸文字和箭头。其中，尺寸文字在 A0、A1 号图样的字高为 5mm；A2、A3、A4 号图样的字高为 3.5mm。AutoCAD 将尺寸界线、尺寸线、尺寸文字和箭头构成一个整体，并以"块"的形式存储在图形文件中。

尺寸标注的主要类型有线型尺寸（包含水平、垂直、倾斜、对齐），半径型尺寸，直径型尺寸，角度型尺寸和引线型尺寸。

五、标注样式的设置

不同行业的图样，尺寸标注的形式和要求也不同。要正确标注机械图样上的尺寸，应该按照国家标准《机械制图》的规定，首先建立尺寸标注样式。

尺寸标注样式包括总体样式和子样式。总体样式是适用于各类型尺寸共同部分的基础设置，子样式是针对某一特定尺寸类型（如角度尺寸、直径尺寸等）而设置的。设置时，先设置总体样式再设置子样式。

定义、管理标注样式的命令是 Dimstyle。执行 Dimstyle 命令，AutoCAD 弹出如图 5 - 17 所示的"标注样式管理器"对话框。

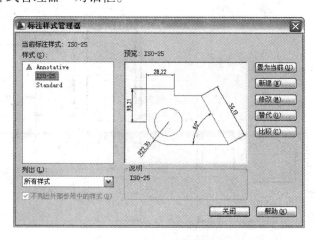

图 5 - 17　标注样式管理器

其中，"当前标注样式"标签显示出当前标注样式的名称。"样式"列表框用于列出已有标注样式的名称。"列出"下拉列表框，可确定要在"样式"列表框中列出哪些标注样式。"预览"图片框用于预览在"样式"列表框中所选中标注样式的标注效果。"说明"标签框用于显示在"样式"列表框中所选定标注样式的说明。"置为当前"按钮把指定的标注样式设置为当前样式。"新建"按钮用于创建新标注样式。"修改"按钮用于修改已有标注样式。"替代"按钮用于设置当前样式的替代样式。"比较"按钮用于对两个标注样式进行比较或了解某一样式的全部特性。

下面介绍如何新建标注样式：

在"标注样式管理器"对话框中单击"新建"按钮，AutoCAD 弹出如图 5 – 18 所示"创建新标注样式"对话框。

图 5 – 18　创建新标注样式

可通过该对话框中的"新样式名"文本框指定新样式的名称；通过"基础样式"下拉列表框，可确定用来创建新样式的基础样式；通过"用于"下拉列表框，可确定新建标注样式的适用范围。下拉列表中有"所有标注"、"线性标注"、"角度标注"、"半径标注"、"直径标注"、"坐标标注"和"引线和公差"等选择项，分别用于使新样式适于对应的标注。确定新样式的名称和有关设置后，单击"继续"按钮，AutoCAD 弹出"新建标注样式"对话框，如图 5 – 19 所示。

对话框中有"线"、"符号和箭头"、"文字"、"调整"、"主单位"、"换算单位"和"公差" 7 个选项卡，下面分别给予介绍。

1. "线"选项卡

设置尺寸线和尺寸界线的格式与属性。图 5 – 19 为与"直线"选项卡对应的对话框。选项卡中，"尺寸线"选项组用于设置尺寸线的样式。"延伸线"选项组用于设置尺寸界线的样式。预览窗口可根据当前的样式设置显示出对应的标注效果示例。如图 5 – 19所示。

2. "符号和箭头"选项卡

"符号和箭头"选项卡用于设置尺寸箭头、圆心标记、弧长符号以及半径标注折弯方面的格式。图 5 – 20 为对应的对话框。

"符号和箭头"选项卡中，"箭头"选项组用于确定尺寸线两端的箭头样式。"圆心标记"选项组用于确定当对圆或圆弧执行标注圆心标记操作时，圆心标记的类型与大小。"折断标注"选项确定在尺寸线或延伸线与其他线重叠处打断尺寸线或延伸线时的尺寸。

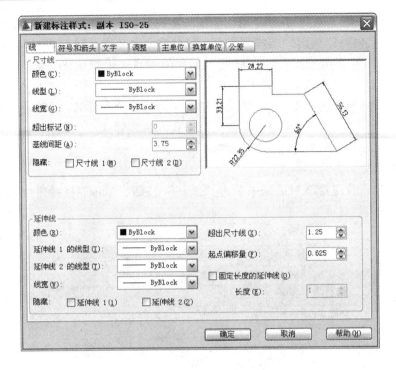

图 5 - 19　新建标注样式对话框

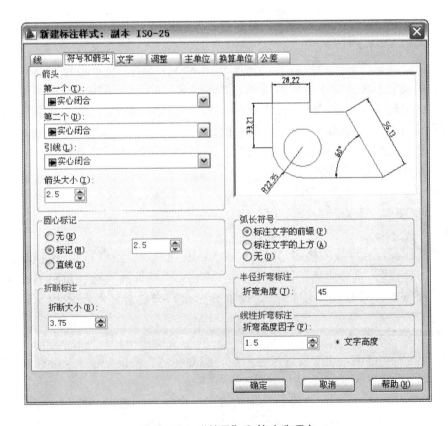

图 5 - 20　"符号"和箭头选项卡

"弧长符号"选项组用于为圆弧标注长度尺寸时的设置。"半径标注折弯"选项设置通常用于标注尺寸的圆弧中心点位于较远位置时。

"线性折弯标注"选项用于线性折弯标注设置。

3. "文字"选项卡

此选项卡用于设置尺寸文字的外观、位置以及对齐方式等，图 5 – 21 为对应的对话框。

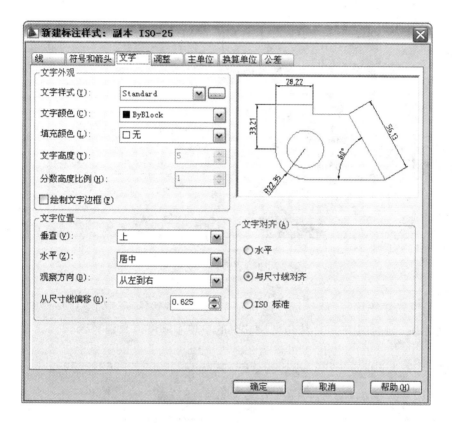

图 5 – 21　"文字"选项卡

"文字"选项卡中，"文字外观"选项组用于设置尺寸文字的样式等。"文字位置"选项组用于设置尺寸文字的位置。"文字对齐"选项组则用于确定尺寸文字的对齐方式。

4. "调整"选项卡

此选项卡用于控制尺寸文字、尺寸线以及尺寸箭头等的位置和其他一些特征。如图 5 – 22 所示是对应的对话框。

"调整"选项卡中，"调整选项"选项组确定当尺寸界线之间没有足够的空间同时放置尺寸文字和箭头时，应首先从尺寸界线之间移出尺寸文字和箭头的那一部分，用户可通过该选项组中的各单选按钮进行选择。"文字位置"选项组确定当尺寸文字不在默认位置时，应将其放在何处。"标注特征比例"选项组用于设置所标注尺寸的缩放关系。"优化"选项组该选项组用于设置标注尺寸时是否进行附加调整。

5. "主单位"选项卡

此选项卡用于设置主单位的格式、精度以及尺寸文字的前缀和后缀。图 5 – 23 为对应的对话框。

图 5 – 22   "调整"选项卡

"主单位"选项卡中，"线性标注"选项组用于设置线性标注的格式与精度。
"角度标注"选项组确定标注角度尺寸时的单位、精度以及消零否。

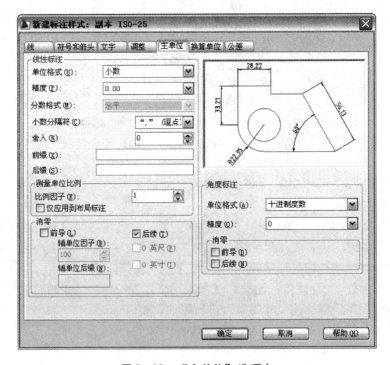

图 5 – 23   "主单位"选项卡

6. "换算单位"选项卡

"换算单位"选项卡用于确定是否使用换算单位以及换算单位的格式，对应的选项卡如图 5-24 所示。

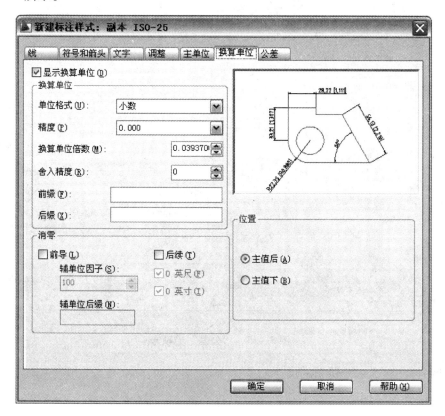

图 5-24　"换算单位"选项卡

"换算单位"选项卡中，"显示换算单位"复选框用于确定是否在标注的尺寸中显示换算单位。"换算单位"选项组确定换算单位的单位格式、精度等设置。"消零"选项组确定是否消除换算单位的前导或后续零。"位置"选项组则用于确定换算单位的位置。用户可在"主值后"与"主值下"之间选择。

7. "公差"选项卡

"公差"选项卡用于确定是否标注公差，如果标注公差的话，以何种方式进行标注，图 5-25 为对应的选项卡。

"公差"选项卡中，"公差格式"选项组用于确定公差的标注格式。"换算单位公差"选项组确定当标注换算单位时换算单位公差的精度与消零否。

利用"新建标注样式"对话框设置样式后，单击对话框中的"确定"按钮，完成样式的设置，AutoCAD 返回"标注样式管理器"对话框，单击对话框中的"关闭"按钮关闭对话框，完成尺寸标注样式的设置。

六、尺寸公差的标注

尺寸公差是尺寸标注的一项内容，在图形上标注尺寸公差时，可以按照常规的方法先标注公称尺寸，然后再运用编辑文字命令标注上偏差和下偏差。

图 5 – 25　"公差"选项卡

例1：标注图 5 – 26 所示的尺寸公差。

（1）标注公称尺寸"18"，如图 5 – 27 所示。

图 5 – 26　　　　　　　　　　　　　　图 5 – 27

（2）激活编辑文字命令，选择尺寸文字"18"为编辑对象，打开【多行文字管理器】对话框，在该对话框中文字区的"18"之后输入" + 0. 029^ + 0. 018"取文字大小为"2. 5"，如图 5 – 28 所示。

图 5 – 28

（3）将文字串"涂黑"，再单击"a/b"按钮，如图5-29、图5-30所示。

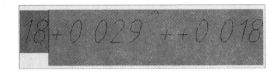

图5-29

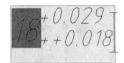

图5-30

（4）单击"确定"按钮，即可完成公差的标注。

例2：标注图5-31所示的尺寸公差。

（1）标注公称尺寸"18"，如图5-32所示。

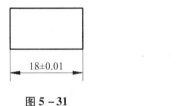

图5-31

图5-32

（2）激活编辑文字命令，选择尺寸文字"18"为编辑对象，打开【多行文字管理器】对话框，如图5-33所示。

图5-33

（3）将光标移到文字"18"之后，单击按钮"@"，选择"正/负（P）"，如图5-34所示。

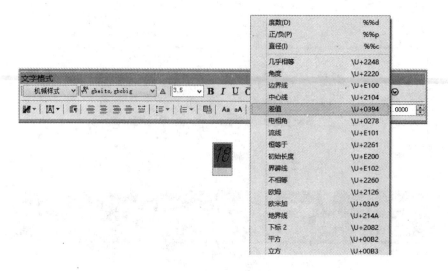

图5-34

（4）在正负号后输入"0.01"，然后单击"确定"，如图5-35、图5-36、图5-37所示。

图5-35

图5-36

图5-37

七、文本编辑

功能：编辑尺寸文本及单行文本或多行文本。

命令输入
下拉菜单：【修改】→【对象】→【文字】→【编辑】

单击工具栏：**A**

键盘输入：Ed ↙（Ddedit）

执行 Ddedit 命令，AutoCAD 提示：

选择注释对象或［放弃（U）］：

此时应选择需要编辑的文字。标注文字时使用的标注方法不同，选择文字后 AutoCAD 给出的响应也不相同。

（1）如果所选择的文字是用 Text（单行文本）命令标注的，选择文字对象后，Auto-CAD 会在该文字四周显示出一个方框，此时用户可直接修改对应的文字。

（2）如果在"选择注释对象或［放弃（U）]:"提示下选择的文字是用 Mtext（多行文本）命令标注的，AutoCAD 则会弹出在位文字编辑器，并在该对话框中显示出所选择的文字，供用户编辑、修改。

例：将图 5 - 38 中的尺寸"20"修改为"φ20"。

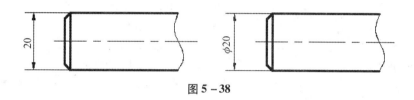

图 5 - 38

命令：Ddedit ↙

选择注释对象或【放弃（U）】↙

选择对象：拾取图 5 - 38 中的尺寸"20"，打开【文字格式】对话框，在"20"前面输入％％C，如图 5 - 39 所示。再单击【文字格式】对话框中"确定"按钮，如图 5 - 40 所示。

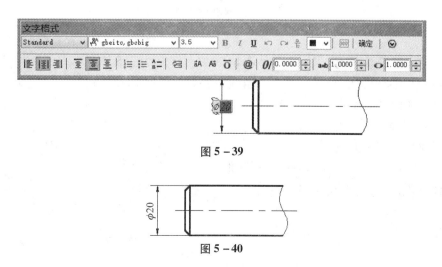

图 5 - 39

图 5 - 40

八、表面粗糙度

表面粗糙度是指加工后零件表面上具有的较小间距（S）和峰谷（Z）所组成的微观不平度。这种不平度对零件耐磨损、抗疲劳、抗腐蚀以及零件间的配合性质都有很大的影响。不平度越大，则零件表面性能越差；反之，表面粗糙度越高，加工也随之困难。S < 1mm 为表面粗糙度，1mm≤S≤10mm 为波纹度。

1. 表面粗糙度符号及其含义

（1）在图样中，可以用不同的图形符号来表示对零件表面结构的不同要求。标注表面结构的图形符号及其含义如表 5 – 1 所示。

表 5 – 1 表面粗糙度符号及其含义

符号名称	符号样式	含义及说明
基本图形符号		未指定工艺方法的表面：基本图形符号仅用于简化代号标注，当通过一个注释解释时可单独使用，没有补充说明时不能单独使用
扩展图形符号		用于去除材料的方法获得表面，如通过车、铣、刨、磨等机械加工的表面；仅当其含义是"被加工表面"时可单独使用
		用不去除材料的方法获得表面，如铸、锻等；也可用于保持上道工序形成的表面，不管这种状况是通过去除材料或不去除材料形成的
完整图形符号		在基本图形符号或扩展图形符号的长边上加一横线，用于标注结构特征的补充信息
工件轮廓各表面图形符号		当在某个视图上组成封闭轮廓的各表面有相同的表面结构要求时，应在完整图形符号上加一圆圈，标注在图样中工件的封闭轮廓线上

（2）表面粗糙度符号。轮廓线宽是 b = 0.3，字高为 3.5（没有绝对尺寸要求，根据图形大小适当调整表面粗糙度的大小，以适合整体协调为准），如图 5 – 41 所示。

2. 表面粗糙度符号的绘制

（1）设置"粗实线"图层为当前图层，用直线命令（Line）绘制一条水平线 AB 和夹角分别等于 60°与 120°的直线 CD 与直线 CE，如图 5 – 42（a）所示。

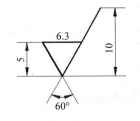

图 5 – 41 表面粗糙度符号

命令：Line↙

指定第一点：（拾取任意点 A）

指定下一点或 ［放弃（U）］：（拾取任意点 B）

指定下一点或［放弃（U）］↙

命令：Line ↙

指定第一点：（捕捉直线 AB 的中心点 C）

指定下一点或［放弃（U）］：@15＜60 ↙（设直线 CD 的长度为 15，转角 60°）

指定下一点或［放弃（U）］↙

（2）用偏移命令（Offset）将直线 AB 向上平行偏移 5 和 10，画出 L1 和 L2 两条直线，如图 5-41（b）所示。

命令：Offset

指定偏移距离或［通过（T）］＜通过＞：5 ↙（偏移距离 5）

选择要偏移的对象或＜退出＞：（拾取直线 AB）

指定点以确定偏移所在一侧：（点击直线 AB 上方）

选择要偏移的对象或＜退出＞↙

命令：Offset

指定偏移距离或［通过（T）］＜5.00＞：10 ↙（偏移距离 10）

选择要偏移的对象或＜退出＞：（拾取直线 AB）

指定点以确定偏移所在一侧：（点击直线 AB 上方）

选择要偏移的对象或＜退出＞

（3）用修剪命令（Trim）把多余线修剪掉，修剪结果如图 5-42（c）所示。

命令：Trim

当前设置：投影＝UCS，边无

选择剪切边……

选择对象：［用交叉窗口 MN 选择对象，如图 5-42（d）所示］

指定对角点：找到 6 个

选择对象：↙

选择要修剪的对象，按住 Shift 键选择要延伸的对象，或［投影（P）/边（E）/放弃（U）］：（把多余线条剪掉）

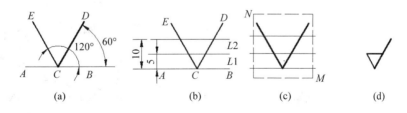

（a）　　　　　　（b）　　　　　　（c）　　　　　　（d）

图 5-42　表面粗糙度绘制过程

3. 将粗糙度代号定义成带有属性的图块

（1）定义粗糙度代号的属性。

下拉菜单：【绘图（D）】→【块（B）】→【定义属性（D）】

打开【属性定义】对话框，如图 5-43 所示。

图 5 – 43 "属性定义"对话框

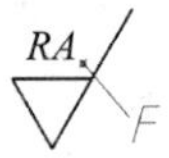

在"标记"选项的编辑框中输入"RA"作为属性名称。在"提示"选项的编辑框中输入"粗糙度"作为插入属性值时的提示信息。在"对正"编辑框中输入"右"作为插入属性值时的对齐方式。在"文字高度"选项的编辑框中输入"3.5"作为文字的高度。在"旋转"选项的编辑框中输入"0"作为文字的旋转角度。单击"插入点"按钮,拾取点 F 作为插入属性值时的起点。单击"确定"按钮,完成粗糙度代号 RA 值的属性定义,如图 5 – 44 所示。

图 5 – 44

(2)用块定义命令(Block)把带有 RA 属性的粗糙度代号定义成图形块。调用创建块命令的方法有:

方法 1:工具栏图标 🖧。

方法 2:下拉菜单:【给图(D)】→【块(B)】→【创建块(M)】打开【块定义】对话框,如图 5 – 45 所示。

在"名称"选项的编辑框中输入"粗糙度"作为块名称。在"块单位"选项中选择"毫米"作为插入属性值时的单位。单击"选择对象"按钮,在屏幕上用 MN 矩形窗口选择粗糙度符号,单击"拾取点"按钮,捕捉粗糙度符号上的点 A 作为插入的基点,如图 5 – 46 所示。单击"确定"按钮,完成粗糙度代号图形块的定义。

4. 用块存盘命令(Wblock)把粗糙度代号图形块存盘

命令:Wblock ↙

打开【写块】对话框,如图 5 – 47 所示。

在"块"选项的编辑框"文件名和路径"中输入文件存储路径和文件名。单击"确定"按钮,完成粗糙度图形块的存盘。

图 5 – 45　"块定义"对话框

图 5 – 46

5. 插入块命令（Insert）

用块插入命令把粗糙度代号图块插入到图形中，调用命令的方法有：

方法 1：工具栏图标：。

方法 2：下拉菜单："插入（I）"→"块（B）"。

方法 3：命令：Insert ↙

下面以图 5 – 48 中所示 RA 数值分别为 3.2 与 6.3 的粗糙度代号为例，介绍插入的操作步骤。

命令：Insert ↙

打开【插入】对话框，在"名称"选项的编辑框中输入"新块"，其余选项的选择如图 5 – 49 所示。

指定插入点或［比例（S）/X/Y/Z/旋转（R）/预览（PS）/PX/PY/PZ/预览旋转（PR）］：（捕捉直线 AB 上的最近点 C，作为图形块的插入点）

输入属性值：粗糙度：3.2

命令：Insert ↙

打开【插入】对话框，在"名称"选项的编辑框中输入"新块"，其余选项的选择如图 5 – 50 所示。

图 5 - 47   "写块"对话框

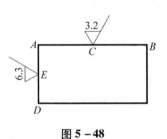

图 5 - 48

图 5 - 49   "插入"对话框

指定插入点或［比例（S）/X/Y/Z/旋转（R）/预览（PS）/PX/PY/PZ/预览旋转（PR）］：R↙［度选择"旋转（R）"项］

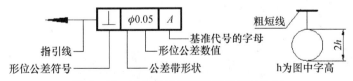

图 5 - 50 "插入"对话框

指定旋转角度：90 ↙

指定插入点：（捕捉直线 AD 上的最近点 E，作为图形块的插入点）

输入属性值：粗糙度：6.3

九、形位公差标注

零件加工时，不仅会产生尺寸误差，还会产生形状和位置误差。

1. 形状和位置公差的概念

（1）形状误差和公差。形状误差是指实际形状对理想形状的变动量。为满足零件的使用要求，形状误差应控制在一定的范围内。形状公差是指实际要素的形状所允许的变动量。

（2）位置误差和公差。位置误差是指实际位置对理想位置的变动量。位置公差是指实际要素的位置对基准所允许的变动全量。

2. 形位公差代号

形状和位置公差简称形位公差。形位公差代号和基准代号如图 5 - 51 所示。若无法用代号标注时，允许在技术要求中用文字说明。形位公差特征项目符号见表 5 - 2 所示。

图 5 - 51 形位公差代号和基准代号含义

3. 利用 AutoCAD 2010，用户可以方便地为图形标注形位公差

用于标注形位公差的命令是 Tolerance，利用"标注"工具栏上的 ⊞（公差）按钮或"标注"→"公差"命令可启动该命令。执行 Tolerance 命令，AutoCAD 弹出如图 5 - 52 所示的"形位公差"对话框。

表 5 – 2　形位公差特征项目符号

分类	特征项目	符号	分类		特征项目	符号
形状公差	直线度	—	位置公差	定向	平行度	//
	平面度	▱			垂直度	⊥
	圆度	○			倾斜度	∠
	圆柱度	⌀		定位	同轴度	◎
	线轮廓度	⌒			对称度	=
	面轮廓度	⌓			位置度	⊕
				跳动	圆跳动	↗
					全跳动	↗↗

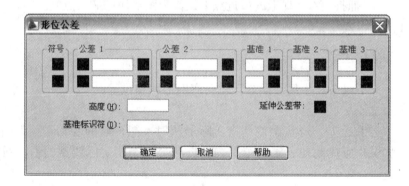

图 5 – 52　"形位公差"对话框

其中，"符号"选项组用于确定形位公差的符号。单击其中的小黑方框，AutoCAD 弹出如图 5 – 53 所示的"特征符号"对话框。用户可从该对话框确定所需要的符号。单击某一符号，AutoCAD 便返回"形位公差"对话框，并在对应位置显示出该符号。

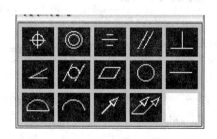

图 5 – 53　"特征符号"对话框

另外"公差1"、"公差2"选项组用于确定公差。用户应在对应的文本框中输入公差值。此外，可通过单击位于文本框前边的小方框确定是否在该公差值前加直径符号；单击位于文本框后边的小方框，可从弹出的"包容条件"对话框中确定包容条件。"基准1"、"基准2"、"基准3"选项组用于确定基准和对应的包容条件。通过"形位公差"对话框确定要标注的内容后，单击对话框中的"确定"按钮，AutoCAD切换到绘图屏幕，并提示：输入公差位置，在该提示下确定标注公差的位置即可。

任务三 典型零件视图的表达

 任务目标

（1）熟悉典型零件结构及其分析方法。

（2）掌握典型零件图绘制方法。

👉 **基本概念**

一、轴套零件图

1. 轴套类零件

轴套类零件，如机床主轴、各种传动轴、空心套。轴一般是用来支承传动零件和传递动力的。套一般是装在轴上，起轴向定位、传动或连接等作用。

轴套类零件一般由同轴线、不同直径的回转体组成，零件上通常有键槽、轴肩、螺纹、退刀槽、倒角、中心孔等结构。

（1）主视图选择。这类零件主要是在车床和磨床上加工，为了便于加工时看图，主视图一般将轴线水平放置。这样既可以把各轴段形体的相对位置表示清楚，同时又能反映出轴上的轴肩、退刀槽等结构。如图 5 – 54 所示的齿轮轴的主视图。

（2）其他视图的选择。确定了主视图后，由于轴的各段形体可以用标注符号"φ"表示，因此不必画出反映圆的左（或右）视图。如图 5 – 54 所示，主视图中的键槽仅反映其长度和宽度，为了表达深度通常采用移出断面，如图 5 – 54 中的"A—A"断面。对轴上的局部结构，为了方便标注尺寸，常采用局部放大图表示。如图 5 – 54 中的 Ⅰ、Ⅱ 两处。

2. 轴套类零件的绘图过程

现以图 5 – 55 为例，介绍轴套类零件的绘图过程。

（1）把"中心线"图层设置为当前图层，利用画直线命令绘制轴的中心线。如图 5 – 56所示。

（2）利用直线绘制轴轮廓线，如图 5 – 57 所示。

（3）镜像复制轮廓线，如图 5 – 58 所示。

（4）对轴倒角，如图 5 – 59 所示。

（5）使用画直线命令和利用点的捕捉，绘制轴的垂直阶梯线，如图 5 – 60 所示。

（6）使用画偏移命令和延长命令绘制 M12×1.5 – 6g 螺纹，用特性匹配命令把螺纹小径改成细实线，如图 5 – 61 所示。

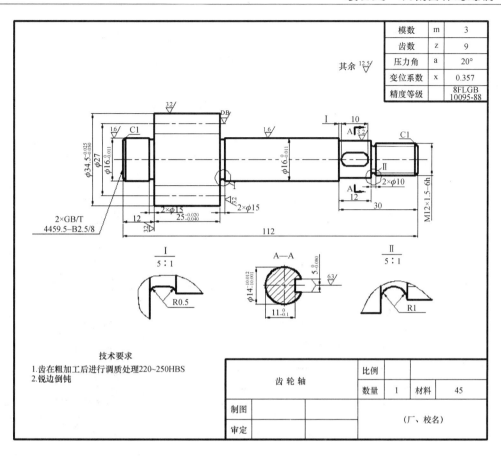

模数	m	3
齿数	z	9
压力角	a	20°
变位系数	x	0.357
精度等级		8FLGB 10095-88

技术要求
1.齿在粗加工后进行调质处理220~250HBS
2.锐边倒钝

	齿 轮 轴		比例		
			数量	1	材料	45
制图				(厂、校名)	
审定					

图 5－54　齿轮轴

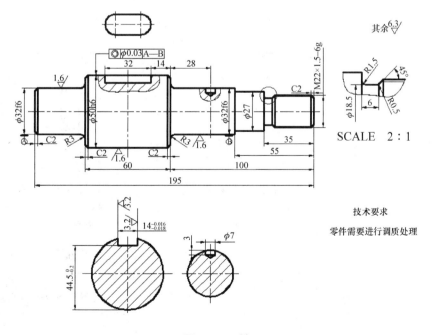

技术要求

零件需要进行调质处理

SCALE　2：1

图 5－55　轴

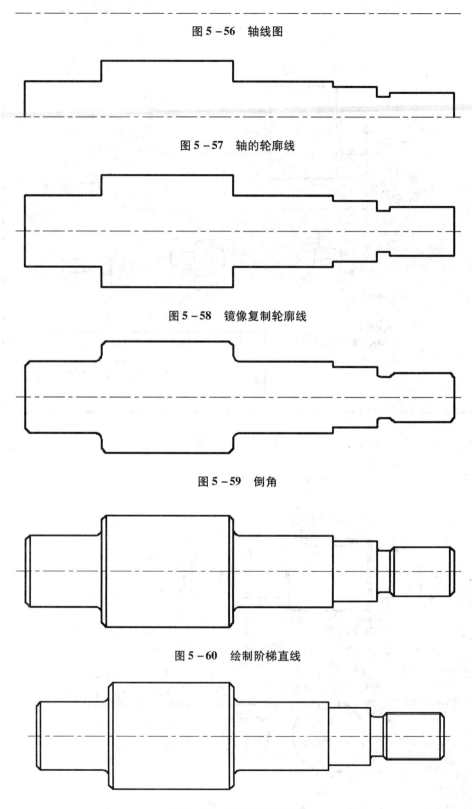

图 5 - 56 轴线图

图 5 - 57 轴的轮廓线

图 5 - 58 镜像复制轮廓线

图 5 - 59 倒角

图 5 - 60 绘制阶梯直线

图 5 - 61 绘制阶梯螺纹线

（7）使用画直线命令、画圆命令、偏移命令和修剪命令绘制键槽和凹孔移出断面图，如图 5 - 62 所示。

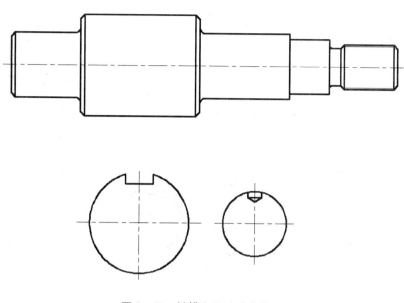

图 5 - 62　键槽和凹孔移出断面

（8）使用偏移命令、修剪命令、样条曲线命令等绘制键槽和凹孔，如图 5 - 63 所示。

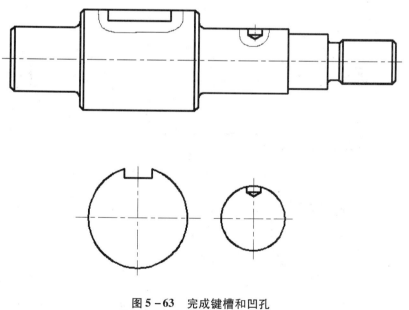

图 5 - 63　完成键槽和凹孔

（9）用偏移命令、画圆命令、画直线命令和修剪命令等绘制键槽局部视图，如图 5 - 64 所示。

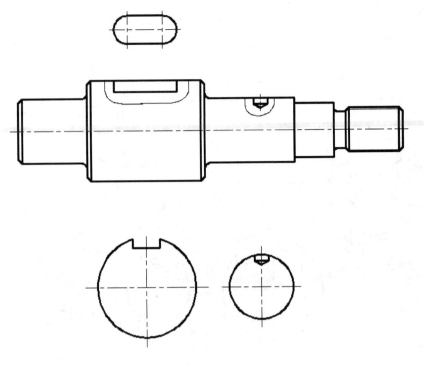

图 5 – 64　完成键槽局部视图

（10）完成退刀槽局部放大图（放大 2∶1），如图 5 – 65 所示。

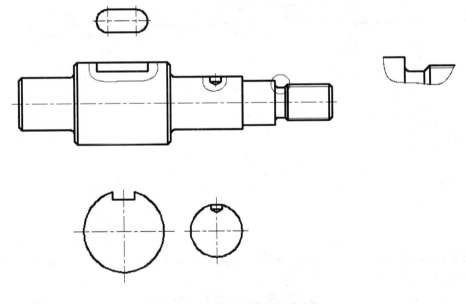

图 5 – 65　完成退刀槽局部放大图

（11）使用图案填充命令画上剖面线，如图 5 – 66 所示。

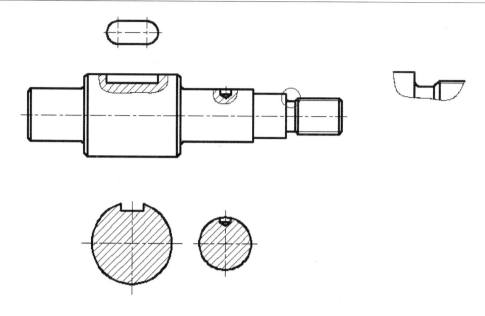

图 5-66 完成填充剖面图

（12）设置标注尺寸样式。

（13）标注径向尺寸及公差，如图 5-67 所示。

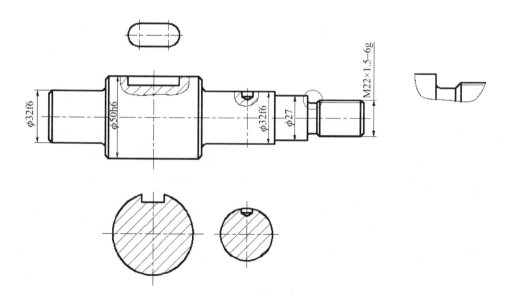

图 5-67 完成径向尺寸标注

（14）标注轴向尺寸，如图 5-68 所示。

（15）完成倒角、移出断面图及局部放大图尺寸标注，如图 5-69 所示。

（16）插入表面粗糙度符号，如图 5-70 所示。

（17）形位公差标注及基准符号插入，如图 5-71 所示。

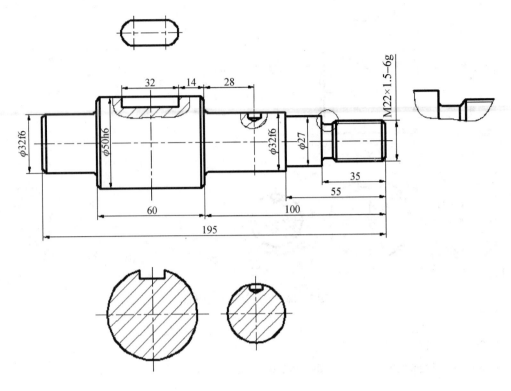

图 5 - 68　完成轴向尺寸标注

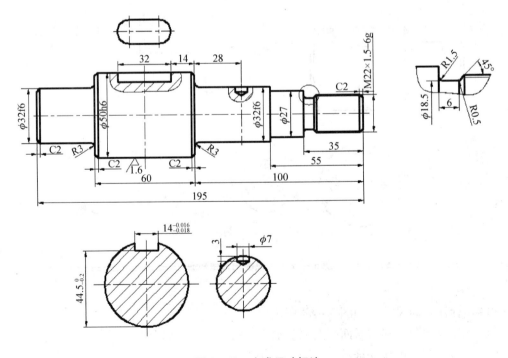

图 5 - 69　完成尺寸标注

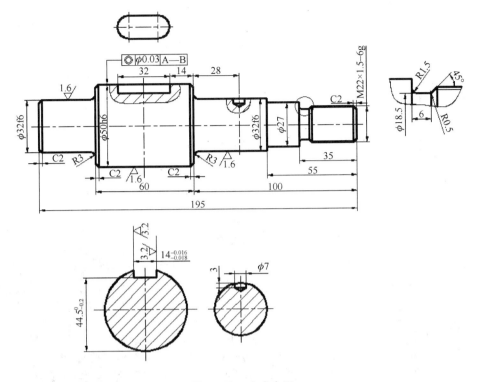

图 5-70　完成全图

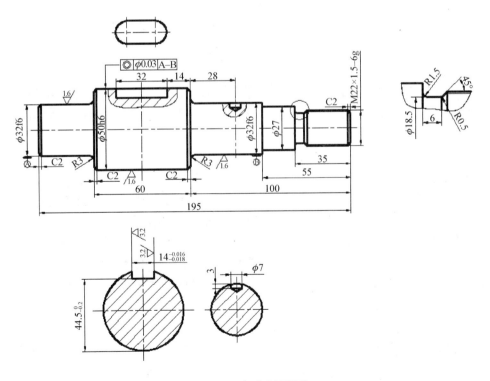

图 5-71　完成全图标注

（18）用多行文本注上技术要求、局部放大注塑及其余表面粗糙度，如图 5 – 55 所示。

二、轮盘类零件图

轮盘类零件，如各种手轮、带轮、花盘、法兰、端盖及压盖等。该类零件的基本形状是扁平的盘状，主体部分是回转体。

在端盖零件图中，采用轴线水平放置、B 投射方向画出主视图，能较好地放映端盖的形状特征。全剖的右视图主要表达端盖的内部结构以及轴向尺寸。尺寸标注以及基准选择等如图 5 – 72 所示。

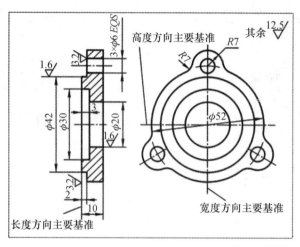

图 5 – 72　轴承盖

轮类零件多用于传递扭矩，盘类零件起连接、轴向定位、支承和密封作用。轮盘类零件的结构形状比较复杂，它主要由同一轴线不同直径的若干个回转体组成，盘体部分的厚度比较薄，其长径比小于1。

1. 轮盘的结构特点

（1）表达方案。

1）轮盘类零件主要在车床上加工，所以应按形状特征和加工位置选择主视图，轴线横放，对有些不以车床加工为主的零件可按形状特征和工作位置确定。

2）轮盘类零件一般需要两个视图，主视图和俯视图或者是主视图和左视图。

3）轮盘类零件在其他结构形状，如轮辐可用移出断面或重合断面表示。

4）根据轮盘类零件的结构特点，各个视图具有对称平面时，可作半剖视图；无对称结构时，可作全剖视图。

（2）尺寸标注。

1）轮盘类零件的宽度方向和高度方向的主要基准是回转轴线，长度方向的主要基准是精加工的大端面。

2）定形尺寸和定位尺寸都比较明显，尤其是在圆周上分布的小孔的定位直径是这类零件的典型定位尺寸，多个小孔一般采用 "X – XXX 均布" 形式标注，均布就是意味着等分圆周，角度定位尺寸不需标注。

3）内外结构形状要分开标注。

（3）技术要求。

1）在配合的内、外表面粗糙度参数值较小；轴向定位的端面，表面粗糙度参数值输较小。

2）有配合的孔和轴的尺寸差较小；与其他运动零件的相接触的表面应有平行度、垂直度的要求。

2. 轮盘类零件的绘图过程

例：现以图5-73为例，介绍轮盘类零件的绘图过程。

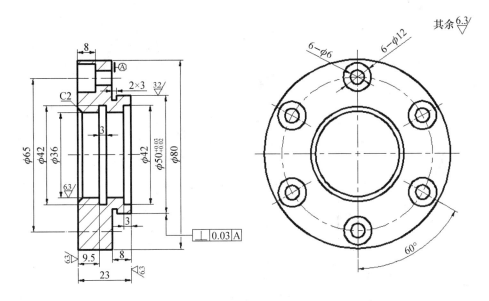

图5-73

（1）使用直线命令和正交绘制中心线，如图5-74所示。

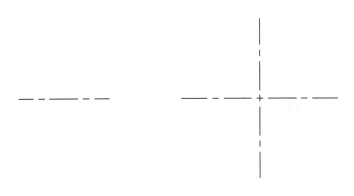

图5-74

（2）使用直线命令、偏移命令、修剪命令等绘制主视图上半部分外形轮廓，如图5-75所示。

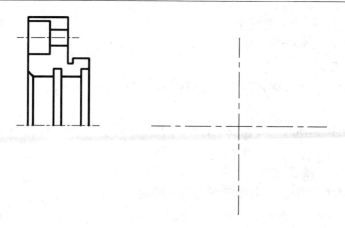

图 5 – 75

（3）使用镜像命令完成主视图轮廓线，如图 5 – 76 所示。

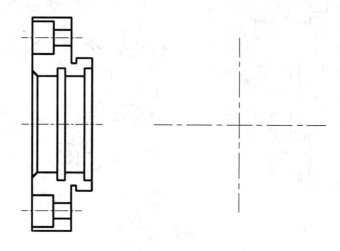

图 5 – 76

（4）使用图案填充命令完成主视图，如图 5 – 77 所示。

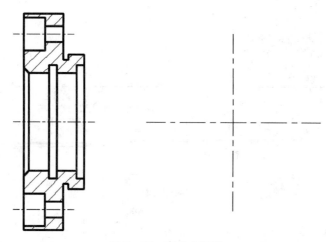

图 5 – 77　完成主视图

（5）完成左视图，如图 5－78 所示。

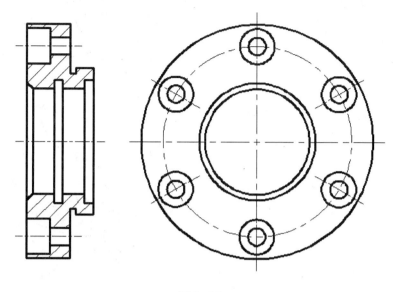

图 5－78

（6）标注轴向尺寸，如图 5－79 所示。

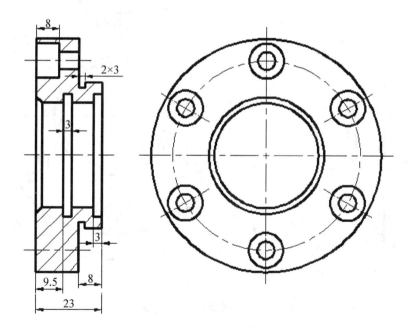

图 5－79

（7）完成径向尺寸、公差标注及其他尺寸，如图 5－80 所示。

（8）标注表面粗糙度，如图 5－81 所示。

（9）标注形位公差，完成全图，如图 5－73 所示。

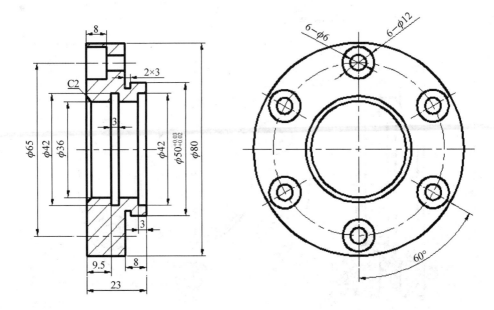

图 5 - 80

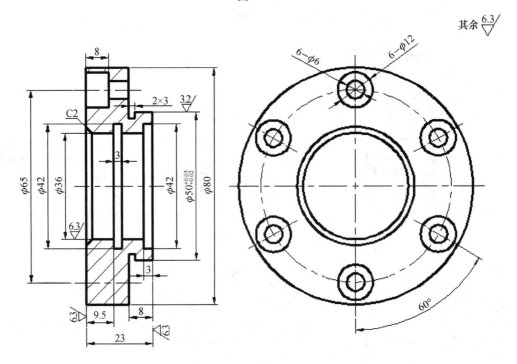

图 5 - 81

三、叉架类零件图

1. 叉架类零件结构

叉架类零件，如拨叉、连杆、支架、支座等。

该类零件形状较复杂，加工工序较多，加工位置多变，所以主视图多采用工作位置，或将其倾斜部分摆正时的自然安放位置。

拨叉零件图中，主视图较好地反映了拨叉的主要形状特征；局部俯视图表达 U 形拨口的形状；B 向局部视图表示螺栓孔的形状与位置。主视图中还采用了局部剖表示螺栓孔的结构。尺寸标注及定位基准等如图 5－82 所示。

叉架类零件在机器或部件中主要是起操纵、连接、传动或支承作用，零件毛坯多为铸件、锻件。

根据零件结构形状和作用的不同，一般叉杆类零件的结构可看成由支承部分、工作部分和连接部分组成，而支架类零件的结构可看成由支承部分、连接部分和安装部分组成。

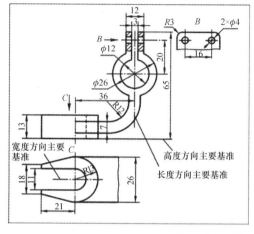
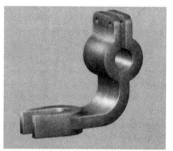

图 5－82 拨叉

2. 踏板零件的绘图过程

例：现以图 5－83 为例，介绍踏板零件的绘图过程。

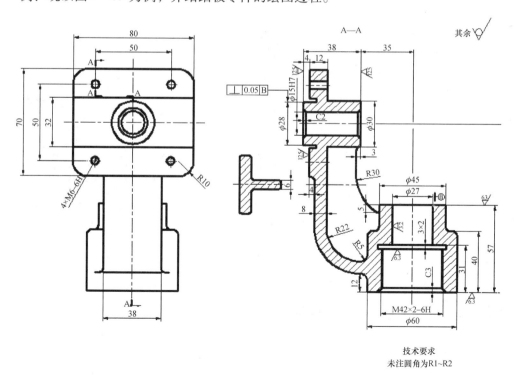

技术要求
未注圆角为 R1～R2

图 5－83 踏板零件

（1）使用直线命令和正交绘制主视图中心线，如图5-84所示。

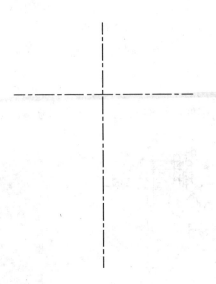

图5-84　绘制中心线

（2）使用直线命令、偏移命令、修剪命令等绘制主视图左半部分外形轮廓，如图5-85所示。

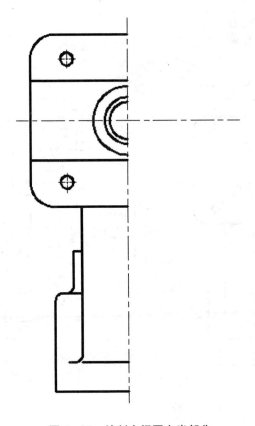

图5-85　绘制主视图左半部分

（3）使用镜像命令完成主视图轮廓线，如图5-86所示。

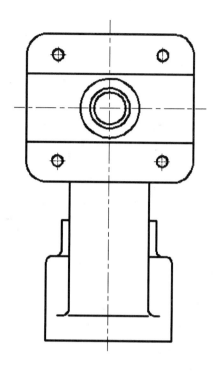

图5-86　完成主视图轮廓线

（4）用引线标注命令及多行文本命令在视图上画出剖切符号的位置，如图5-87所示。

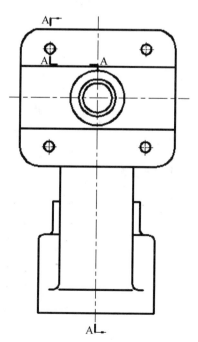

A—A

图5-87　剖切符号绘制

（5）绘制 A—A 阶梯剖视图，如图 5-88 所示。

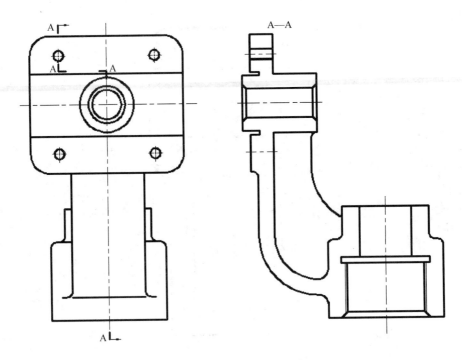

图 5-88　绘制 A-A 阶梯剖视图

（6）完成肋板移出断面图，如图 5-89 所示。

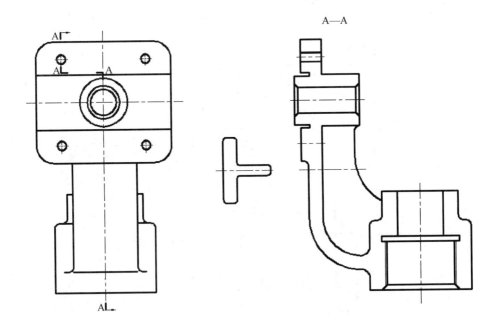

图 5-89　肋板移出断面图

（7）使用图案填充命令完成 A—A 剖视图及移出断面图，如图 5－90 所示。

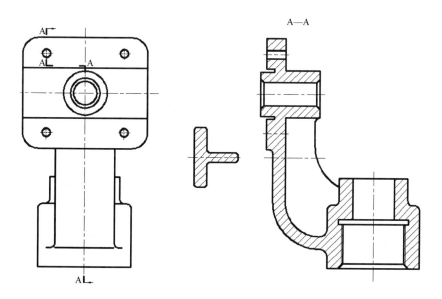

图 5－90　完成图案填充

（8）完成尺寸标注，如图 5－91 所示。

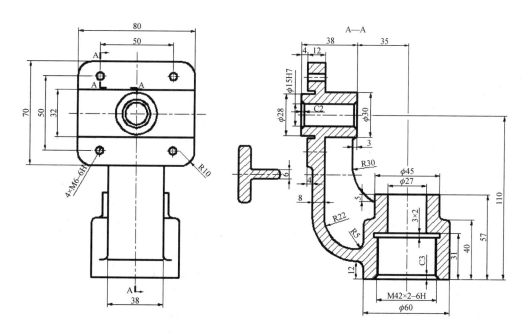

图 5－91　完成尺寸标注

（9）标注表面粗糙度及形位公差，如图 5－92 所示。

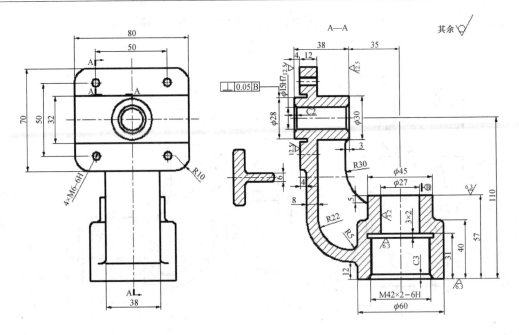

图 5-92 标注表面粗糙度和形位公差

（10）用多行文本命令注释"技术要求"内容，如图 5-83 所示。

四、箱体类零件图

1. 箱体类零件结构

箱体式零件包括减速箱体、泵体、阀体、机座等。

该类零件大多外形较简单，但内部结构复杂，加工工序较多，加工位置多变，所以主视图多采用工作位置。

接线盒零件图中，主视图（倾斜部分采用了简化画法）、左视图把接线盒的内外结构形状基本表达清楚，B 向局部视图表达出线口的形状，作为主视图的补充。尺寸标注及基准选择等如图 5-93 所示。

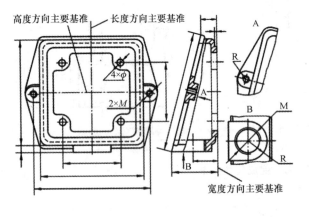

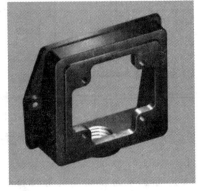

图 5-93 接线盒

箱体类零件的结构复杂，它在传动机构中的作用与支架类相似，主要是容纳和支承传动件，又是保护机器中其他零件的外壳，利于生产，箱体类零件的毛坯常为铸件，也有焊接件。

2.阀体零件的绘图过程

例：现以图 5-94 为例，介绍阀体零件的绘图过程。

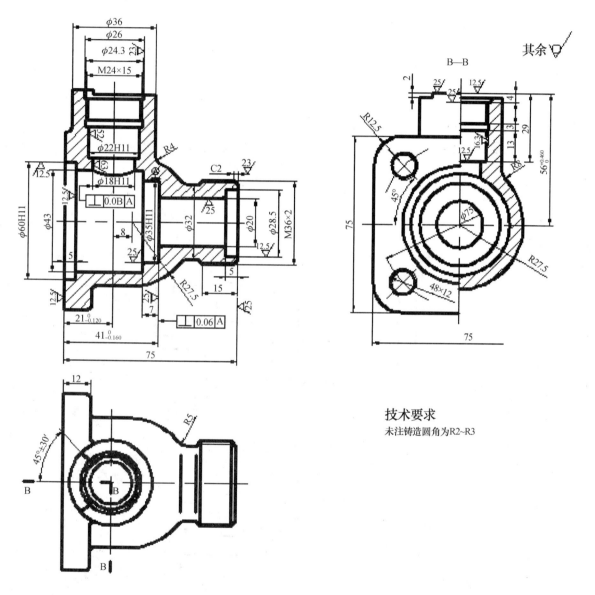

图 5-94　阀体零件图

（1）使用直线命令和正交绘制中心线，如图 5-95 所示。

（2）使用直线命令、偏移命令、修剪命令等绘制主视图下半部分外形轮廓，如图 5-96 所示。

（3）使用镜像命令完成主视图轮廓线，如图 5-97 所示。

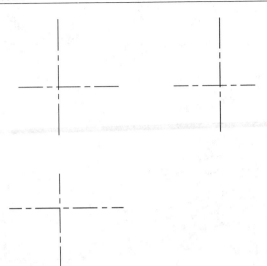

图 5 – 95　绘制中心线

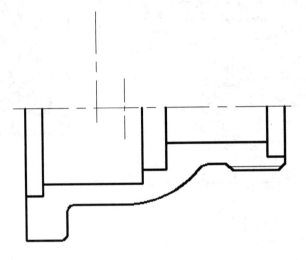

图 5 – 96　绘制主视图下半部分

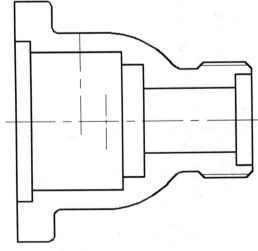

图 5 – 97　完成主视图

（4）使用直线命令、偏移命令、修剪命令及镜像命令等绘制主视图上部分外形轮廓，如图5－98所示。

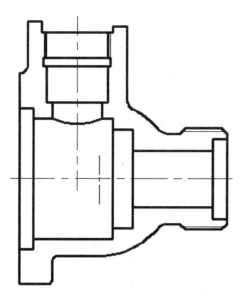

图5－98　绘制主视图上部分外形轮廓

（5）由于该零件类似于回转体零件，可以将主视图复制下来，将该视图进行修改成俯视图，如图5－99所示。

（6）完成俯视图其他结构的绘制，如图5－100所示。

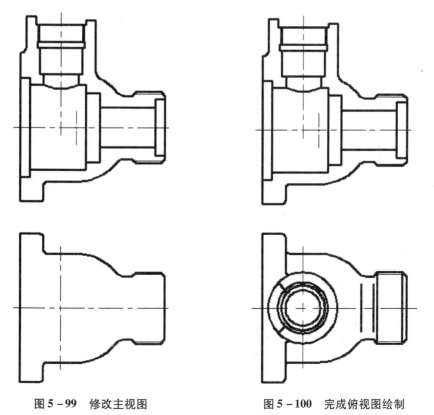

图5－99　修改主视图　　　　　　　　图5－100　完成俯视图绘制

（7）完成左视图其他结构的绘制，如图5-101所示。

（8）完成剖切符号位置绘制及剖面线图案填充，如图5-102所示。

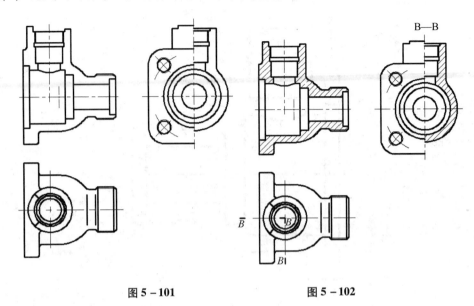

图 5-101   图 5-102

（9）完成尺寸标注和形位公差标注，如图5-103所示。

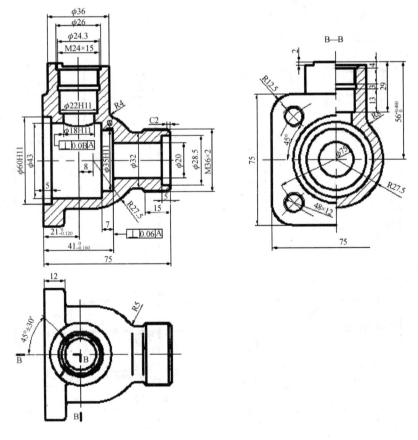

图 5-103

（10）表面粗糙度标注，如图 5－104 所示。

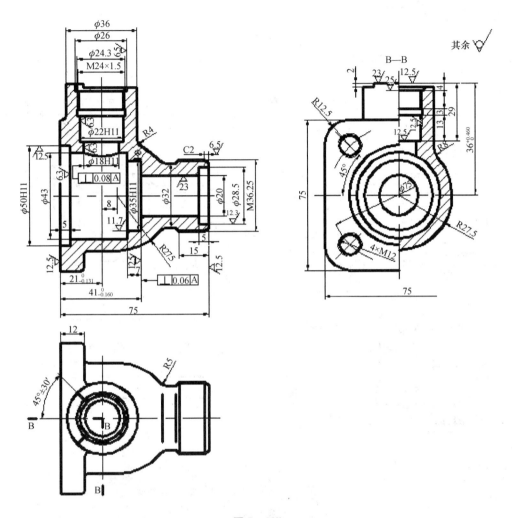

图 5－104

（11）用多行文字注释"技术要求"内容，如图 5－94 所示。

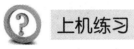

综合练习，抄画下列零件图。

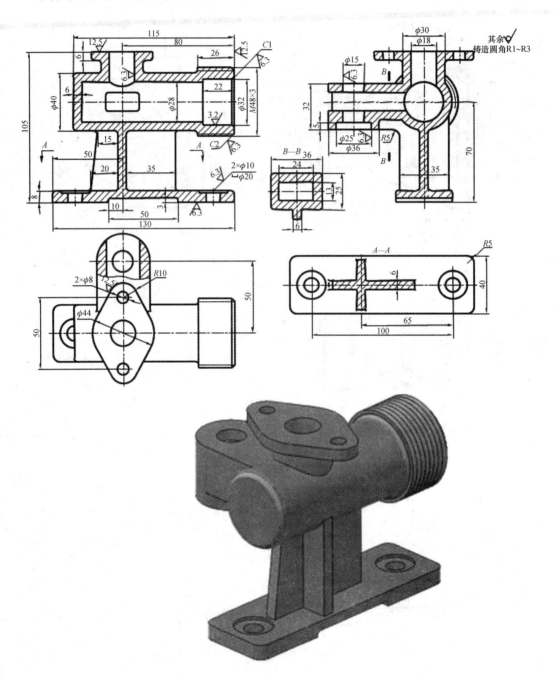

上机练习考核表

序号	主要内容	考核摘要	评分标准	配分	扣分	得分
1	抄画视图	（1）能正确设置图形所需的图层 （2）能正确抄画视图 （3）能正确绘制剖切符号	（1）图层设置不正确扣5分 （2）视图抄画不正确，每错一处扣3分	40		
2	尺寸标注	（1）能正确设置标注样式及文字样式 （2）能正确尺寸标注及尺寸公差标注 （3）能正确定义块及表面粗糙度标注	（1）标注样式及文字样式设置不正确扣5分 （2）尺寸标注不正确每错一处扣2分 （3）块定义操作不正确扣5分 （4）表面粗糙度不正确每错一处扣2分	20		
3	图案填充	能正确设置图案及图案填充	（1）图案不正确设置扣3分 （2）图案填充不正确每处错扣2分	10		
4	其他	（1）能正确设置中心线性比例 （2）中心线不宜过长 （3）尺寸与尺寸不要相交 （4）图形整体漂亮、整齐	不合理每处扣2分	10		
5	安全操作	符合上机实训操作要求	违反安全文明操作规程扣5～20分	20		
备注			共计			
			教师签字	年　月　日		

AutoCAD 绘图实例

看懂阀座零件图，画出 C—C 剖视图，并完成 B 向视图（主视外形图），用 AutoCAD 软件绘制。

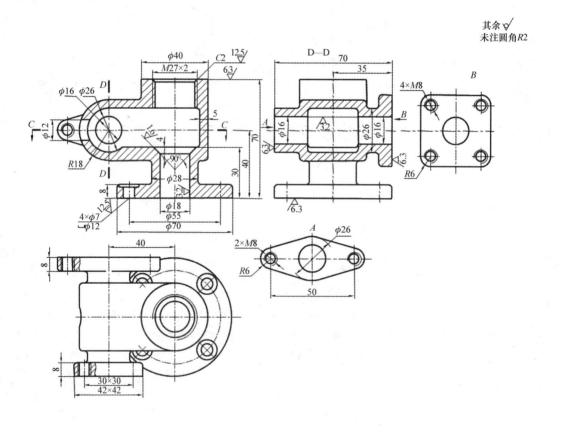

上机练习考核表

序号	主要内容	考核摘要	评分标准	配分	扣分	得分
1	抄画视图	（1）能正确设置图形所需的图层 （2）能正确抄画视图	（1）图层设置不正确扣5分 （2）视图抄画不正确每错一处扣3分	30		
2	完成 B 向视图	能正确完成 B 向视图	视图补画不正确每错一处扣3分	10		
3	补画 C－C 剖视图	能正确补画 C－C 剖视图	剖视图补画不正确每错一处扣3分	20		
4	尺寸标注	（1）能正确设置标注样式及文字样式 （2）能正确尺寸标注及尺寸公差标注 （3）能正确定义块及表面粗糙度标注	（1）标注样式及文字样式设置不正确扣5分 （2）尺寸标注不正确每错一处扣2分 （3）块定义操作不正确扣5分 （4）表面粗糙度不正确每错一处扣2分	10		
5	图案填充	能正确设置图案及图案填充	（1）图案不正确设置扣3分 （2）图案填充不正确每错一处扣2分	10		
6	其他	（1）能正确设置中心线性比例 （2）中心线不宜过长 （3）尺寸与尺寸不要相交 （4）图形整体漂亮、整齐	不合理每处扣2分	10		
7	安全操作	符合上机实训操作要求	违反安全文明操作规程扣5～10分	10		
备注			共计			
			教师签字	年 月 日		

任务二 绘图实例 2

用 AutoCAD 绘制壳体、支架零件图（表面粗糙度 Ra 值及形位公差、尺寸公差的数值可参照教材中有关内容和数据，用类比法确定）。

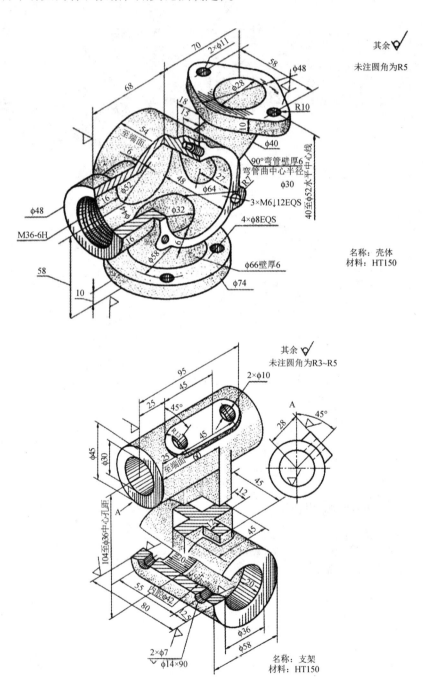

名称：壳体
材料：HT150

名称：支架
材料：HT150

上机练习考核表

序号	主要内容	考核摘要	评分标准	配分	扣分	得分
1	视图表达	（1）能正确设置图形所需的图层 （2）能用适当视图表达零件	（1）图层设置不正确扣5分 （2）视图抄画不正确每错一处扣3分	30		
2	尺寸标注	（1）能正确设置标注样式及文字样式 （2）能正确尺寸标注及尺寸公差标注 （3）能合理标注粗糙度 （4）能合理标注出形位公差	（1）标注样式及文字样式设置不正确扣5分 （2）尺寸标注不正确每错一处扣2分 （3）表面粗糙度不合理标注每处扣2分 （4）形位公差标注不合理每处扣3分	30		
3	图案填充	能正确设置图案及图案填充	（1）图案不正确设置扣3分 （2）图案填充不正确每错一处扣2分	10		
4	绘制A3图框	能正确绘制出A3图框	图框大小不合理扣5分	10		
5	其他	（1）能正确设置中心线性比例 （2）中心线不宜过长 （3）尺寸与尺寸不要相交 （4）图形整体漂亮、整齐	不合理每处扣2分	10		
6	安全操作	符合上机实训操作要求	违反安全文明操作规程扣5～10分	10		
备注			共计			
			教师签字		年　月　日	